3ds Max
室内设计效果图实训

第三版

"十二五"职业教育国家规划教材
经全国职业教育教材审定委员会审定

 十四五　 数字化

高职高专艺术学门类
"十四五"规划教材

职业教育改革成果教材

■ 主　编　颜文明　肖新华
■ 副主编　张　弛　钟　华　唐映梅　潘　静　李　欣
　　　　　瞿思思　刘晓玲　郑蓉蓉　陈　婧　陈燕燕
■ 参　编　边　婧　胡　勇　杨东君　张小龙　高　鹰

U0166083

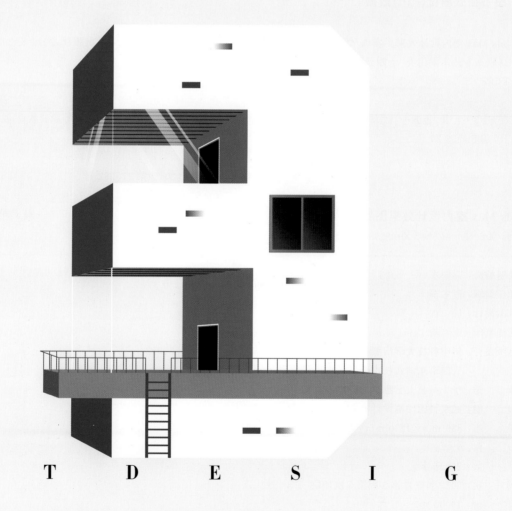

A　R　T　　D　E　S　I　G　N

华中科技大学出版社
http://www.hustp.com
中国·武汉

内 容 简 介

本书包括概论、卧室空间室内设计表现、小型会议室室内设计表现、餐饮空间室内设计表现等几个方面的内容。本书以工学结合为特色,采用项目任务式教学的方式,使教与学充分互动,彻底改变了传统的教学观念与教学模式。本书不仅包括基本理论知识,而且包括相关实践知识,分别在每个项目任务中融入具体的基础知识和实训内容,让学生掌握必要的基本知识和技能,即让学生在做中学、在学中做,从而达到提高学生实际设计能力和操作水平的目的。

图书在版编目(CIP)数据

3ds Max 室内设计效果图实训/颜文明,肖新华主编.—3 版.—武汉:华中科技大学出版社,2019.8(2022.9 重印)
高职高专艺术学门类"十四五"规划教材
ISBN 978-7-5680-5604-5

Ⅰ.①3… Ⅱ.①颜… ②肖… Ⅲ.①室内装饰设计-计算机辅助设计-三维动画软件-高等职业教育-教材
Ⅳ.①TU238-39

中国版本图书馆 CIP 数据核字(2019)第 175252 号

3ds Max 室内设计效果图实训(第三版)　　　　　　　　　颜文明　肖新华　主编
3ds Max Shinei Sheji Xiaoguotu Shixun(Disan Ban)

策划编辑:彭中军
责任编辑:彭中军
封面设计:优　优
责任监印:朱　玢
出版发行:华中科技大学出版社(中国·武汉)　　　电话:(027)81321913
　　　　　武汉市东湖新技术开发区华工科技园　　　邮编:430223
录　　排:华中科技大学惠友文印中心
印　　刷:武汉科源印刷设计有限公司
开　　本:880 mm×1230 mm　1/16
印　　张:9
字　　数:298 千字
版　　次:2022 年 9 月第 3 版第 5 次印刷
定　　价:49.00 元

前言
Preface

　　当今，市场上各类计算机图形图像技术方面的书籍已经相当成熟。各类图形图像技术的书籍琳琅满目。但大部分书籍只是停留在技术和软件的应用层面，而对相关专业设计人员来说，更期望在学习计算机软件技术的同时，也能学习建立在艺术层面上的设计创意。时至今日，人们对创意和美感的要求越来越高，软件只是实现艺术设计的表现工具，而创意和个人的艺术修养才是真正的主导因素，所有目前的图形图像技术教育需要构建一个具备创意设计思想，结合各行各业的实际应用，涉及设计原理、设计方法和设计程序的信息平台。

　　室内设计专业方向的计算机辅助设计与表达也存在同样的问题。通过一定时间的学习，应用一个或几个软件按照给定方案绘制室内空间的效果图并不难，但既能设计出科学合理、创意新颖的方案，又能使用相关软件完美表达，则不是一件容易的事情。拥有优秀的方案能力需要扎实的专业原理知识、科学的创作方法、积淀深厚的人文素养、丰富的现实空间体验、熟练的专业技术与技能来作铺垫。做好专业的铺垫后绘制出的效果图才会真实可信，具有强烈的艺术感染力，这是对计算机辅助设计与专业方案能力之关系的正确理解。

　　鉴于此，本书在研讨计算机辅助室内设计的技术问题时，有意进行了一些有关室内设计原理的知识介绍。这样，一是可以使读者在了解专业知识的基础上更快捷地掌握相关软件的操作；二是可以方便读者准确定位计算机辅助设计与表达在室内设计专业方向中的重要性；三是可以促使读者从设计师的角度，宏观地看待、学习计算机辅助设计与表达。

　　本书中体现"利学利导"的专业优势，力求实现将技术与艺术、理论与案例、专业艺术性与应用性案例的完美结合，无论在知识点的讲解还是应用性案例的制作过程中，原理、设计、图形、数字技术一直贯穿始终，在指导读者提高软件使用技能的同时，更多的是引导和激发读者专业角度的创意与表现，挖掘艺术潜力，它将潜移默化地提高读者的艺术认知和实践能力。

　　由于水平有限，加之编写时间仓促，书中难免有不妥之处，请广大读者批评指正。

　　本书相关资源可扫描下面二维码获取。

《3ds Max室内设计效果图实训（第三版）》教学资源二维码（提取码为 c4nf）

编者
2019 年 7 月

目录
Contents

3ds

Max Shinei Sheji Xiaoguotu Shixun

概 论

一、室内设计的含义

设计的计划可分为两个方面:一方面是心理计划,是指在精神中形成"胚胎",并准备实施的有目的的计划;另一方面是艺术设计中的计划,特别是指在绘画制作中的草图方案等。如果从名词角度来讲,设计最广泛、最基本的意义是计划,即有一定的目的性,并以其最终实施为目标而建立的方案预想。这种概念的界定,称为广义的设计,因为它几乎涵盖了人类有史以来的一切文明创造活动,其中它所蕴含的构思和创造性行为过程也成了现代设计概念的内涵和灵魂。

在环境艺术设计的狭义理解下,室内设计主要是指室内环境设计。室内设计是指根据建筑物的使用性能、所处的环境和相应的标准,运用物质技术手段和美学原理,创造功能合理、舒适优美、满足人们物质和精神生活需要的室内环境。这一空间环境不仅具有一定的使用价值,满足了相应的功能要求,而且反映了历史脉络、建筑风格和环境气氛等精神因素。它是建筑设计的延伸和深化,是室内空间与环境的再造。室内设计包括功能和精神层面两方面的内容,具体如下。

(1)室内设计是对建筑空间功能设计的延续、深化和完善,要做到布局合理、流线便捷、层次清晰。

(2)室内设计以人为本,解决了人与空间、家具、设施之间的关系,满足了人对温度、通风、采光和声音等环境方面的舒适性需求。

(3)室内设计不断地对室内空间的功能和形式进行创新,以满足人们对室内空间高品质的要求,满足人对环境情调、意境与文化方面的精神需求。

由此可见,室内设计并非仅仅是对墙、顶、地的界面形式处理,其本质是对理想空间的营造,如图 0-1 所示。

图 0-1　理想空间的营造

续图 0-1

二、设计程序

室内设计是一项复杂而系统的工作,需要通过规范的设计程序以保证设计质量和价值。设计程序包括设计准备、方案设计、深化设计、设计实施、评价和维护管理等几个方面。

设计准备主要的工作是收集信息、现场勘测、与客户建立联系、确定设计计划,若属委托设计则签订设计合同。

方案设计主要的工作是收集资料与综合分析、与客户建立联系,属委托设计则签订设计合同,现场测量,确定设计计划,比较设计构思与方案,完善方案与方案表现。

深化设计包括初步的资料分析功能,初步的草案构思,方案发展与审定,材料样板的选择,设备的选择,初步编制项目概算。

设计实施包括方案的细化和深化,与业主就方案进行深入交流沟通,施工图的设计与绘制,如目录、说明、图纸、大样等,必要时还需编制施工预算。

评价和维护管理订货选样、选型选厂,完善图纸中未交代的部分,与施工单位进行施工交底与协调。施工过程中进行必要的调整与变更、参与竣工验收。对交付使用的工程进行用后评价,满意度调查,并承担一定时期的质量维修。

三、设计方法

设计是一个充满创造性的思维活动。如同思维时而理性、时而感性一样,设计在这两种思维方式不断交织中逐步清晰。在设计思维形成的过程中,运用一些方法非常重要,它们可以帮助设计师记载偶发性的创意思路,并通过科学逻辑性的推理,最终形成行之有效的设计方案。自 20 世纪 70 年代以来,设计方法的研究在各个设计领域开展,形成了图式思维法、计划理论、行为学、符号学、类型学和模式语言等具有创新性的设计方法,广泛应用于建筑、室内、环境和产品设计中。

四、设计原则

为了分析和评价设计，需要了解环境艺术设计的基本原则。基本原则包括功能、结构和材料、美观三个方面。

1）功能

设计是为了满足空间中人行为和活动的需要，"以人为本"是室内与环境设计的社会功能的基石。满足功能需要是设计品质的第一原则。这要求设计的空间尺度适宜，人们使用时感到方便、舒适、安全，同时在空间的组织、色彩和材料的选用、环境气氛的营造等方面满足人们心理与情感上的需求，如图 0-2 所示。

图 0-2　环境气氛的营造

2）结构和材料

结构和材料的选择影响着工程的耐久性和存在的价值，而价值与功能是分离的，结构和材料必须根据设计用途合理使用。耐久和昂贵的材料不一定在每种情形下都合适。只要适合它的用途且制造精良，纸杯和金杯可以是同样优秀的设计作品。优秀的设计作品如图 0-3 所示。

图 0-3　优秀的设计作品

3）美观

设计师塑造的产品与空间应与观众、使用者定义该产品和空间的目标一致。当这些想法是适宜和清晰的，且通过各种设计手法有效地表达了产品的形式、形状、色彩、质感等时，观众、使用者才会在一个深度上理解设计，并在视觉及使用上感到满意，如图0-4所示。

图 0-4　美观的环境

设计的评价价值也相应地包含功能、结构和材料、美观几个方面。

五、设计原理

环境设计需要遵循一些设计原理，以保证设计作品能够美观、大方。具体的设计原理有以下几个方面。

1）平衡

平衡是力与力之间达到均衡的状态。人们往往觉得平衡的空间舒适、安宁，所以对设计师来说，获得空间的平衡是很重要的。在平衡的设计中，采用了视重的概念。一般来说，视重有一些规律可循。

一小点鲜艳的色彩可以和一大片灰暗的区域达到平衡；一幅精致的绘画和面积很大的墙面可以达到视觉平衡；一小块木饰面可以和大面积的透明玻璃一样"重"。

平衡的方式有以下三种。

第一种是对称平衡，即两侧相等、正规的平衡。自然界中有许多对称的平衡，如人的身体、树叶。众多的人工环境，如建筑、室内，陈设品也表现出对称平衡，达到宁静和谐的美。

第二种是不对称平衡。物体的受力达到均衡但不对称，可通过形状、尺度、色彩、肌理、明亮等方面来达到平衡。这种平衡方式有动感，能使视觉兴奋、自由、灵活、有个性。

第三种是辐射平衡，即设计元素环绕一个中心，向外辐射出去的一种平衡。辐射平衡在环境中无处不在，如池塘中的涟漪、碟碗、吊灯、织物纹样、建筑平面。它们有一种静态美，与棱角分明的物体形成强烈的反差。

平衡如图0-5所示。

2）节奏

节奏是设计的第二大重要原理。通过节奏的应用，在空间中产生统一性和多样性。节奏常用的四种方式分别是重复、渐变、过渡和对比。每一种方式运用得当，都能美化室内外环境。

各种节奏如图0-6所示。

图 0-5　平衡

重复形成的节奏　　　　　　　　　　　渐变形成的节奏

图 0-6　各种节奏

过渡形成的节奏

对比形成的节奏

续图 0-6

3）强调

强调是在注重整体平衡的同时,采取一定手段强化重要的部分,让其在空间中起到画龙点睛的作用。具体运用时,设计师可以根据空间元素的重要程度,按最重要、次重要、不重要的顺序,通过色彩、尺寸、材料的选择分别给予相对应的表现方式,或强调或弱化。空间中一块鲜艳的地毯、一幅夸张的油画、一组醒目的坐椅、一个别致的灯具都可成为强调的重点。强调如图 0-7 所示。

图 0-7　强调

续图 0-7

4)比例

比例是用来衡量事物尺寸和形状的标准,它强调的是空间与人体、空间与空间、空间与陈设之间的相对尺度,通过合适的对比,获得空间的舒适感。比例是一个非常重要的概念。好的比例,像希腊的黄金分割比例,会让人身心愉悦;相反,若在低矮的室内堆放高大的家具、空旷的空间摆放小型的盆景,则可能会产生笨拙或滑稽的效果。比例如图 0 8 所示。

5)和谐

任何一个好的空间设计必定是和谐的。所谓和谐,是指设计元素之间协调统一,且表现出一定的多样性。室内环境与建筑可以通过一些基本特征,如相同的图形、相似的色彩、相近的材质、一致的风格等来形成相互间的呼应,从而产生环境的统一性。而环境的多样性则是在统一的基础之上强调对比和变化,通过增加一些图案、色彩、质地和细节来丰富空间形态,提高空间层次。和谐如图 0-9 所示。

图 0-8　比例

续图 0-8

图 0-9 和谐

六、3ds Max 的基础知识

　　3ds Max 是近年出现的最优秀的三维动画制作软件之一。3ds Max 功能完善、操作便捷,有很强的包容性,开放式的总体构架能够接纳多种多样的优秀插件;面向对象的思维方式使得 3ds Max 具有非常易学易用的特性,界面直观、整合性好;任意复杂的材质构造使 3ds Max 可用于构造分层的复杂的材质和贴图,轻易创造出逼真的虚拟空间;造型工具直观易用,修改器堆栈使创作得心应手,并且以对象的整合形式出现,便于理解;有精确的 Snap(捕捉)、Align(对齐)等功能,实现了与 AutoCAD、Lightscape 等软件的无缝对接,甚至还有参数化模型适合专业应用,再加上快速、高质量的出图效果使它在建筑、装饰行业也得到了广泛应用和极高的赞誉。3ds Max 是同类软件中对系统配置要求最低的,随着版本的不断升级对系统配置要求必然有所提高,但是相对越来越令人惊艳的完美效果,也算是超值的。

　　对三维动画制作软件进行比较,3ds Max 是以精明强干简约著称的,3ds Max 的界面一贯简洁、明快,主要特点如下。

　　(1)视图区用于场景观察,用户的交互操作均在此完成,每个视图的左上角都有该视图的名称,右击名称会弹出嵌块菜单,各视图可以通过快捷键进行切换。

　　(2)菜单栏与标准的 Windows 下拉式菜单概念相似,位于屏幕顶端,菜单中的命令项目如果带有省略号,表示会弹出相应的对话框;带有小箭头的命令项目表示还有次一级的菜单;有快捷键的命令,则在其右侧标有快捷键的按键组合。实际应用中较少在菜单栏中执行命令,工具行中的命令足以应付常规操作。

　　(3)工具栏包含了 3ds Max 中常用的工具,例如移动、旋转、放缩、对齐、镜像等。每个按钮的形式都较为形象,易于理解。同时,当鼠标箭头在某个按钮上停留几秒钟时,会有该按钮的文字提示出现,直观清晰。在这里集中的大都是 3ds Max 操作过程中使用频率较高的命令,命令按钮右下角有三角箭头的,表示该按钮有多种形式可供选择。

　　(4)命令面板是 3ds Max 的核心区域,包含了丰富的工具和命令,以供制作物体、建立场景、编辑修改、动画轨迹控制、灯光相机的创建与控制等,外部插件的窗口也位于这里。命令面板分 6 大类别:创建命令面板、修改命令面板、层次命令面板、运动命令面板、显示命令面板和程序命令面板,每一命令面板内部又有分支与次级分类项目。

　　(5)状态行用以显示场景及当前命令的信息;提示行显示关于当前正在使用,或者光标所指向工具的详细叙述;动画控制区里的按钮用来完成动画的制作,以及设定当前时段的动画格数;视图控制区里的按钮只是改变场景中的视景,而并非是场景中的物体,涉及各种形式的缩放视景、平移视景。根据启动视图的形式,这些按钮本身也会有所改变。

　　同时,3ds Max 支持界面定制个性化,单击 Customize(自定义)菜单,选择 Load Custom UI Scheme 命令,在弹出的对话框中可以选择定制用户喜欢的界面类型。

　　在实际操作中,各种建模方式其实是综合使用的,并没有界限之分,3ds Max 中相同形象的模型或场景可以通过多种多样的途径与方法建成。依据用户的使用习惯肯定会有所差别,但统一的原则是精确、简约和高效。

　　VRay 渲染器是保加利亚的 Chaos Group 公司开发的 3ds Max 的全局光渲染器。Chaos Group 公司是一家以制作 3D 动画、计算机影像和软件为主的公司,有 50 多年的历史。其产品包括计算机动画、数字效果和电影胶片等。同时它也提供电影视频切换,如著名的火焰插件(PhoenixFD)和布料插件(simCloth)就是它的产品。

　　VRay 渲染器是模拟真实光照的一个全局光渲染器,无论是静止画面还是动态画面,其真实性和可操作性都让用户为之惊讶。它具有对照明的仿真,以帮助作图者完成犹如照片般的图像;它可以表现出高级的光线追踪,以表现出表面光线的散射效果,动作的模糊化;除此之外,VRay 还能带给用户很多让人惊叹的功能,其极快的渲染速度和较高的渲染质量,吸引了全世界很多的用户。

Max Shinei Sheji Xiaoguotu Shixun

项目一
卧室空间室内设计表现

一、卧室空间效果图设计表现

住宅空间效果图设计表现是室内设计表现的入门设计,虽说空间尺度不大,功能较简单,但却是"麻雀虽小,五脏俱全",室内设计表现涵盖的设计方法和过程、设计内容、设计与表达、项目管理等在住宅空间设计表现中都能体现出来。

1. 设计表现任务书

1)设计课题——卧室空间室内设计表现

本案属于简单空间的设计课题,其设计目的是让学生对室内设计表现有初步了解,掌握基本的设计方法,对设计风格和流派有所认识,为今后全面展开设计表现做好准备。

2)设计理念

以人与自然为本,倡导生态设计的理念,体现环境保护与可持续发展的生态艺术设计,强调居住文化,创造符合人的使用功能需求、视觉审美的居住环境。

3)设计内容

(1)3ds Max源文件。

(2)渲染图。

(3)通道图。

(4)最终效果图。

4)设计的依据

现代室内设计考虑问题的出发点和最终目标都是为人服务,是"设计生活",满足人们生活、生产活动的需要,为人们创造理想的空间环境,使人们感到生活在其中受到关怀和尊重。一旦确定了室内空间环境,能启发、引导甚至改变人们活动于其间的生活方式和行为模式。家具布置、灯光设计、陈设选用等会帮助其营造出一个实用、美观、舒适、生机勃勃的居家环境。

为创造出理想家居室内空间环境,设计师必须了解室内设计的依据与要求,并熟知现代家居室内设计的特点和发展趋势。

通常,人们在家居室内空间中待的时间比例相对大,家居室内空间与人们的关系密切,因而人们对家居空间的要求也就很高。家居空间的组成实质上是家庭活动的性质构成,范围广、内容杂。归纳起来,家居室内空间大致可分为两种性质空间。

(1)群体活动空间。

群体活动空间是以家庭公共需要为对象的综合活动场所,是家人、朋友共聚的空间。一方面它成为家庭生活聚集的中心,另一方面它是家庭与外界交际的场所。在这类室内空间中,人们可以适当调剂身心,陶冶情趣,沟通感情。门厅、客厅、餐厅、健身室和家庭影院等均属这类空间,如图1-1所示。

(2)私密空间。

私密空间是为满足家庭成员的个体需求,使家庭成员之间能在亲密的前提下保持适当的距离,可以使家庭成员维护必要的自由和尊严,解除精神负担和心理压力,获得自由抒发的乐趣和自我表现的满足,避免无端的干扰,进而促进家庭的和谐。私密空间包括卧室、书房、卫生间等空间,如图 1-2 所示。

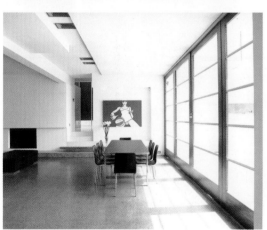

图 1-1　群体活动空间

图 1-2　私密空间

5) 家居空间室内设计的要求

室内设计的常规要求有以下各项。

(1) 合理的室内空间组织和平面布局,符合使用要求的室内声、光、热效应,以满足室内环境物质功能的需要。

(2) 优美的空间构成和界面处理,宜人的光、色和材质的配置,符合建筑物性格的环境气氛,以满足室内环境精神功能的需要。

(3) 合理的装修构造和技术措施,合适的装修材料和设备设施,使其具有良好的经济效益。

(4) 符合安全疏散、防火、卫生等设计规范,遵守与设计任务相适应的有关定额标准。

(5) 随着时间的推移,考虑具有适应调整室内功能、更新装饰材料和设备的可能性。

(6) 可持续性发展,考虑室内环境的节能、节材、防止污染,充分利用和节省室内空间。

卧室的合理设计示例如图 1-3 所示。

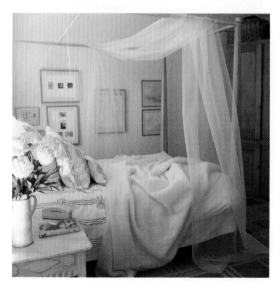

图 1-3　卧室的合理设计

6）家居空间室内设计的特点

家居空间室内设计的特点有以下几个方面。

（1）家居空间室内设计对人们身心的影响更直接、更密切。人的一生中大部分时间是在室内度过的，而在室内度过的这部分时间中又有绝大部分是在家居空间中度过的。这是人生中最放松、最自我、最原本的时间段。此时，空间与人的关系最为密切，空间环境的优劣必然更加直接地影响使用者的健康、安全、舒适程度等。家居空间的大小、形状，室内界面的图案、色彩等，都会给使用者的心理、生理以较长时间、较近距离的影响。家具、陈设等可接触、可抚摸的配置物也以同样的原因要求设计师尽量深入细致地考虑长时间密切接触对人们身心健康的影响。

（2）家居空间室内设计对室内环境的构成因素考虑更周密。家居空间整体面积虽然较小，但使用频率高，与使用者接触密切，功能要求相对复杂，使用者的要求更加具体、更有针对性，所以，实际操作过程中，要求设计师更加缜密地考虑室内光环境、室内色彩配置、室内材料选择与使用、室内温度与湿度、室内声环境等构成因素。

(3)家居空间室内设计较为集中、细致、深刻地反映了设计美学中的空间形体美、功能技术美和装饰工艺美。家居空间、相关界面、室内家具、灯具、陈设等从造型、色彩、工艺等方面来说,都是相互关联、彼此呼应的,既体现设计师的设计水平,又反映家居主人的审美层次与品位修养。

(4)家居空间室内设计使室内功能的变化、材料与设备的老化与更新更为突出。室内设计与时间因素的关联越来越紧密,更新周期趋短,更新节奏趋快。这要求设计师综合考虑每一具体案例的未来发展趋势,运用动态设计的观念进行前瞻性设计。

(5)家居空间室内设计具有较高的科技含量和附加值。家居空间中设施设备、电器通信、新型饰材、五金配件等的科技含量越来越高,其附加值也随之增加,这为室内设计增加了更多挑战性与可能性。

7)家居空间室内照明设计

随着社会的进步及人们生活质量的提高,灯光照明在室内空间中的作用与日俱增,照明设计已成为室内设计的重要组成部分。目前,无论是照明设计理念还是照明设备都发生了很大的变化。新的设计思想强调以人为本的人性化设计,以满足人们提出的环境优美、亮度适宜、空间层次感舒适、立体感丰富等多个层面的要求。同时,照明设计还要注重艺术性,彰显文化品位和特色。照明不再是传统意义上的单纯把灯点亮,而是要用灯光这种特殊"语言"创造出赏心悦目的艺术气氛。照明的全方位发展,改变了人们以往的观念,如反射式照明一直被认为效率低、不节能,因而被弃之不用。近几年,国外反射式照明迅速发展,以全新的形式出现,而且造型美观新颖、光线合理、照明效果好,并体现出现代化的特质,因而被广泛应用。这是照明新理念发展的结果,它改变了照明工程的面貌。

家居照明对人们的生活具有十分重要的意义,兼具功能性和艺术性。它保证饮食起居、文化娱乐、工作学习、家务劳动等日常活动的正常进行,同时,它也因其美丽的造型、丰富的色彩、绚丽的图案和立体迷幻的层次为人们烘托渲染出了舒适的环境氛围。

家居照明的基本要求有以下六点。

(1)合适的照度。由于功能不同,家居的各个部分对照度的要求也不一样,家居照明还应考虑不同年龄段的使用者的需求。

(2)亮度分布及亮度对比要适当。家居房间功能多,房间的大小差别大,要创造一种舒适的灯光环境。住宅各处的亮度不宜均匀分布,亮度分布均匀会令人感到单调不舒服,空间美感不足。要注意主要部分与附属部分亮度的平衡。对较小的房间可采用均匀亮度;而对于较大的房间,如果只在中间设一个向下照的灯具,就会使人感到房间变小,在墙壁上加上壁灯,就可以消除这种感觉,有增大生活空间的效果。卧室需要较低的亮度,使人感觉宁静、舒适。为了休息,卧室天花板的亮度可以比墙稍暗。

(3)光线色调的应用。光线有冷色调、中性色调和暖色调之分。冷色调适合阅读、做家务;暖色调适合用餐、欣赏音乐、看电视等。在同样的照度下,浅色格调的亮度较高,深色格调的亮度较低。因此,暗色调的室内应有充足的光线来补偿。

(4)利用灯光创造空间和氛围。灯光会影响人的情绪,通过光源和灯具的合理选配,可以创造非常完美的光和影的世界。在创意完美的灯饰环境下,人们虽身住室内,有时却宛如置身于星斗满天、璀璨闪烁的夜空之下;有时又幽暗、深远,引发人们思古怀旧之情,更多的是温馨、明亮、典雅瑰丽,让人如沐春风。

(5)绿色照明。在住宅照明设计中,应注意节能,不宜一律选用耗能较高的白炽灯,应广泛采用紧凑型荧光灯和节能型灯具。适当选用调光器,可灵活地对灯进行控制,以利节能。

(6)电器设施应留有宽裕度且便于维修。人们的生活水平在不断提高,家电数量日益增多。在选用进户线截面时,应留有一定的宽裕度。照明灯具和配电线路的铺设应该注意使用安全,避免事故。电表箱一般分户设置,最好在底层设总电表。

家居空间室内照明设计如图 1-4 所示。

图 1-4　家居空间室内设计的照明

8) 家居空间室内设计的材料选择

目前,在装饰材料市场繁荣、装饰材料种类繁杂的情况下,选择装饰材料应该结合家居空间的特点、地域性、功能性、装饰性、经济性、耐久性等几个方面来考虑。

地域性是影响装饰材料选择的一个重要因素。家居所在地域的气候条件,尤其是温湿变化,对于室内装饰材料的使用影响很大。比如,常年多梅雨地区的家居空间,就尽量不要选用织锦缎装饰墙面,否则,容易出现发霉的现象;北方常年干燥地区的家居空间内就尽量不选用竹制品进行界面装饰,以免干燥后产生裂缝破坏设计效果,对使用者造成潜在威胁。

家居空间中的墙面、地面、客厅、书房等不同的位置与空间对装饰材料的要求及对施工方法的影响是不同的,这要求装饰材料与施工工艺的选择应该有相应的针对性。比如,卫生间里尽量不要使用涂料,水汽会导致涂料类饰材鼓泡、剥落;卧室空间中多选择表面肌理细腻、具有亲和力的饰材,有利于避免视觉强刺激,营造温馨的空间格调。除了考虑这种技术性的要求外,还要考虑非技术性的一面,即考虑人的视平线、视角、视距的影响。对于不同的装饰材料的精细程度及施工精度,提出不同的要求或标准,而不能简单化、单一化。材料选择如图 1-5 所示。

图 1-5　材料选择

9)家居空间室内设计的空间组织和界面处理

建筑对于人类更具有价值的并非围成空间的实体外壳,而是空间本身。外壳只是手段,内部空间才是最终目的与结果。虽然人们利用各种物质材料和技术手段构筑了房屋、街道、广场等,直接需要的却是它们所限定和提供人们使用的各种空间。由这些空间来容纳人、组织人、影响人和感染人,所以,空间才是建筑的主角。实体和虚体的形态是一个有机的整体,两者相互依存,人们不仅可以感受到实体形态的厚实凝重,而且会感受到虚体空间的流转往复,回味无穷。对于实体的形态,如墙体、地面等界面及家具、陈设、绿化等,人们的感觉产生于它的外部;对于虚体的形态,由于是不得触知的存在,人们的感知产生于实体之间。所谓"虚",是指实体之间的间隙,是不包括实体在内的"负的空间"。它依靠积极形态相互作用而成,由实的形体暗示而感知,是一种心理上的存在,需要大脑思考、联想而推知,这种感觉时而清晰,时而模糊。

室内空间可以根据其构成特征,分为以下几种不同的类型。

(1)固定空间。它一般由固定不变的界面构成,功能明确、具有围合特点。它基本确定和适应空间的使用要求,也称为第一次空间,例如,家居室内空间中的厨房、卫生间等。

(2)可变空间。以便适应灵活的空间使用要求的空间称为可变空间,又称为第二次空间。它以固定空间为基础,设置可变的空间界面。

(3)实体空间。它用限定性强的围护实体作为界面,具有很强独立性的空间称为实体空间。

(4)虚拟空间。通过多种虚拟的方式构成对人的心理暗示与想象的空间称为虚拟空间,也称为心理空间。与虚拟空间相类似的还有虚幻空间,在室内可通过镜面、投影等物质技术手段来产生空间扩大的视觉效果,这实际是一种虚幻空间的创建。

(5)开敞空间。空间的界面具有开敞性的空间称为开敞空间。开敞空间与室外环境有较强的交流与渗透。

(6)动态空间。具有空间的开敞性和视觉的导向性、具备使用性与心理性动感的空间称为动态宅间。它具有动态设计因素。该类型空间的界面组织具有连续性和节奏性,空间结构形式富有变化性和多样性。

(7)静态空间。它的形式较为稳定,其界面常采用对称式或垂直、水平界面手法处理。空间构成较为单一、清晰、封闭。

室内空间具有肯定性与模糊性的特点。界面清晰、范围明确、具有领域感的空间为肯定空间,卧室、卫生间等空间大都是这一类空间;空间与界面似是而非、模棱两可的空间常称为模糊空间。鉴于模糊空间的不定性、灰色性、多义性等特点,它多用于空间的过渡、联系和引申等。

室内空间的组合,从某种意义上讲,就是根据使用目的,对空间在垂直和水平方向上进行各种各样的分割和联系,通过不同的分割和联系方式,为人们提供良好的空间环境,满足不同的活动需要,并使其达到物质功能和精神功能的统一。

室内空间的过渡和过渡空间是根据人们日常生活的需要提出来的。家居空间中的玄关就是过渡空间。它让人们在进入家居中的时候有一个小小的缓冲带,可以在那里更换鞋子、挂外套或雨伞。过渡空间在各种空间之间起到桥梁、媒介的作用,在功能和艺术创作上,有其独特的地位和作用。

室内空间的组织可以概括为以下几个方面。

(1)室内各功能空间所需要的面积与形状。

(2)室内各功能空间之间的序列关系。

(3)室内流线的安排。

(4)室内空间的调整、利用。

(5)室内内含物的安排。

(6)室内空间的构图形式。

室内设计时,各类界面的共同考虑因素如下。

(1)耐久性及使用期限。

(2)耐燃及防火性能。

(3)无毒无害。

(4)易于安装和施工,便于更新。

(5)必要的隔热保温、隔声吸声性能。

(6)装饰及美观要求。

(7)相应的经济要求。

室内设计时,各类界面也有各自的功能特点,具体如下。

(1)底面:楼、地面等,要求耐磨、防滑、易清洁、防静电等。

(2)侧面:墙面、隔断等,要求阻隔视线,有较高的隔声、吸声、保暖、隔热等功能。

(3)顶面:平顶、天花等,要求质轻,反射率较高,有较高的隔声、吸声、保暖、隔热等功能。

室内装饰材料的选用是界面设计中涉及设计成果的实质性的重要环节,它最直接地影响到室内设计整体的实用性、经济性、环境气氛和美观。所以要求设计师必须熟悉材料质地、性能等特点,了解材料的价格和施工工艺要求,善于和精于运用当今的先进的物质技术手段,为实现设计构思,打下坚实的基础。

室内设计中界面材料的选用,需要考虑以下几方面的要求。

(1)适应室内空间设计的功能性质。

(2)适合室内空间设计的相应部位。

(3)符合设计理念的美学要求。

(4)符合更新、时尚的发展要求。

室内设计中界面材料的常规类别有以下几种。

(1)木材:板材、贴面板等。

(2)石材:天然花岗岩、天然大理石、人造石材等。

(3)陶瓷:面砖、地砖、陶瓷锦砖、清水砖等。

(4)金属:钢材,其他金属及合金类的板材、管材、型材等。

(5)塑料:装饰板、贴面板、各种塑料型材等。

(6)玻璃:各种性能的玻璃。

(7)涂料:油漆涂料、建筑涂料、特种涂料等。

(8)卷材:壁纸、壁布、地板革、防火板等。

(9)其他:石膏板、水泥纤维板、装饰混凝土等。

室内设计中,界面材料的具体应用和处理手法要考虑相关材料的质地、线性、图案、面积、形状等因素,以及这些因素在空间中最终为使用者带来的视觉感受和心理感受。

10)效果图表达

(1)空间模型设计。

(2)材质表达。

(3)灯光表达。

(4)渲染输出。

(5)后期处理。

11)进度要求

第1~4学时,完成基本模型学习;第5~8学时,完成材质设置学习;第9~12学时,完成灯光设置学习;第13~14学时,渲染输出学习;第15~16学时,后期处理学习。

2. 设计表现任务分析

拿到此设计任务之后,首先了解这类空间的空间特点、设计原理、设计内容,然后对业主的职业、年龄、家庭结构、审美爱好、生活习惯进行设定和分析。设计师的责任与义务是给人们创造一个温馨的家,创造一个符合业主行为方式、生活习惯、功能需要、心理需求、文化取向、审美情趣、性格特征等的高品质空间。

1)功能目标

同一家庭的不同成员对住宅设计的需求不同,作为设计师,要了解每一个人的特殊需求和爱好,确定设计的功能目标。

2)设备需求

供水、供气、照明、取暖和制冷,电话、网络、安保系统是必须考虑的基本设备设施。

3）建筑结构状况

建筑结构往往会限制设计的自由度，如窗位、梁位、柱子、承重墙、剪力墙等，这些都是不可改动部分。有时一条梁会让设计师感到力不从心，如沙发、床的顶上有条大梁，不管设计处理多完善，业主都视之为不吉利。充分了解和利用建筑结构是设计的基本出发点。

4）成本估算

成本对住宅室内设计至关重要，因此，一定要考虑总体造价，列出成本估算表格，在设计过程中控制造价。不要一味地追求高档材料，普通的材料通过精心的设计，同样可以达到理想的效果。

二、实例——卧室效果图表现

（1）编辑多边形建模和二维线形挤出建模，比例真实合理，面片简约、省时、高效，符合光 VRay 渲染器对模型的要求。

（2）运用 Photoshop 软件创建所需材质并导入 3ds Max 软件中。应用"Material/Map Browser"（材质/贴图浏览器）给赋指定的三维物体，配合 UVW Mapping（贴图坐标）等命令为物体的贴图设定坐标。

（3）3ds Max 软件中，有灯光的创建与调整、摄像机的创建与调整、VRay 渲染器的设置与调整、渲染输出路径与参数的设置。

（4）表现图运用 Photoshop 软件中的后期处理技术。

VRay 渲染器作为 3ds Max 软件的插件出现以后，由 3ds Max 渲染出的效果图更加完美逼真，而且在灯光的位置布局、参数调整方面大大降低了技术难度，节约了时间。看似苛刻的建模精度要求，实际上有利于效果图绘制者尊重现实空间，避免千篇一律，便于有针对性地分析、研究、表现空间，也有利于与其他一些渲染软件交流文件。

（5）家居空间看上去好像很小，用 3ds Max 绘制家装效果图似乎不难，可它与每一个居住其中的人的具体生活息息相关，是人们最密切、最熟悉的空间，所以要想形神兼备、合理适用地描绘出它，并使客户受到感染，产生共鸣，也非易事。

任务一
创建卧室室内空间主体结构

按 F10，在弹出的 Render Scene（渲染场景）对话框中选择 Commom（常规）选项卡。在 **Assign Renderer**（制定渲染器）卷展栏中，选择 Production（选择渲染器）选项，选择 **V-Ray Adv 1.5 RC2** Vray 渲染器。

（1）最初空间框架的搭建方式根据表现图绘制者手头现有的相关资料而定。有现成的 CAD 文件最好，可以稍作调整后导入利用，如图 1-6 所示。

（2）调整现有的 CAD 文件，使其简化。删除绘制表现图所不需要的东西，例如，图中的图框栏，尺寸标

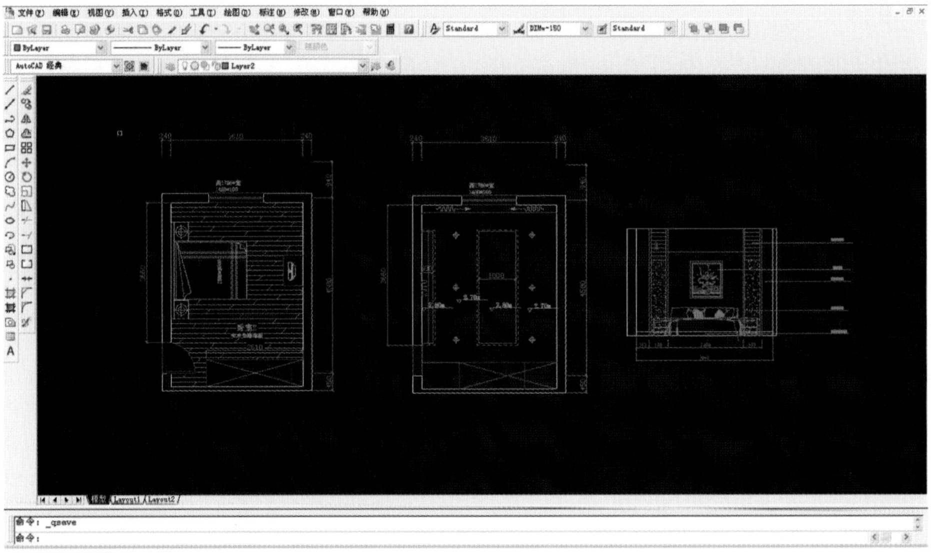

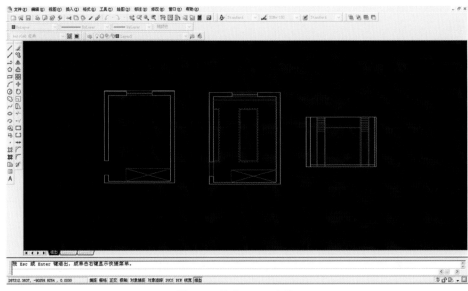

图 1-6　CAD 文件

注线及符号,文字说明和在表现图绘制范围以外的部分图纸等。整理后的 CAD 文件应重新命名并单独保存,如图 1-7 所示。

图 1-7　简化 CAD 文件

　　(3)在 3ds Max 中,单击"File"(文件)菜单,选择"Import"(输入)命令,在弹出的对话框中将文件类型设定为"AutoCAD(＊ . dwg)"。然后找到刚刚修改完(卧室平面)的 CAD 文件,将它导入,相继还会弹出几个对话框,陆续单击默认选项即可,如图 1-8 所示。

　　(4)把墙体(卧室主立面)用同样的方法输入,然后点击 ↻ 键进行输入数值的旋转,在 Front 视图中沿 X 轴和 Z 轴分别旋转 90 °和－90 °,如图 1-9 所示。

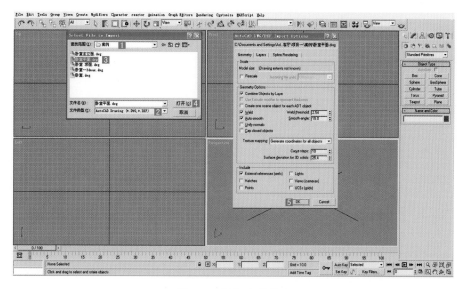

图 1-8　CAD 文件导入

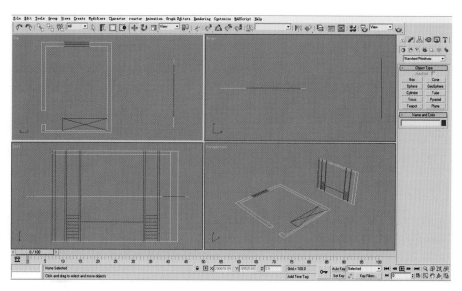

图 1-9　旋转

（5）单击 按钮，并在该按钮上单击鼠标右键，在弹出的 Grid and Snap Settings（栅格和捕捉设置）对话框中启用"Vertex"（顶点）和"Endpoint"（端点）选项，如图 1-10 所示。

（6）激活 Perspective 视图，按"Alt＋W"键或屏幕右下方的 （最大化视图）键，将 Perspective（透视）视图最大化显示。单击 按钮，捕捉（卧室主立面）图形的顶点，然后按住鼠标左键移动（卧室主立面），使其与卧室平面图的边界相交，如图 1-11 所示。

（7）选中卧室主立面，在视图中右键点击 Hide Selection （隐藏选择），选择会议室平面，在视图中右键点击 Freeze Selection （冻结选择），如图 1-12 所示。

（8）右击工具栏中的 （捕捉）按钮，在弹出的对话框中勾选"Snaps"（捕捉）选项下的"Vertex"（顶点），Options 选项下的 Snap to frozen objects（捕捉冻结物体）选项，关闭对话框。应用捕捉顶点的方式来重描会议室的平面线，既快速又准确，线条的起点与终点相遇时会有对话框弹出，一定要单击 是(Y) 按钮，使线条成为闭合的曲线,如图 1-13 所示。

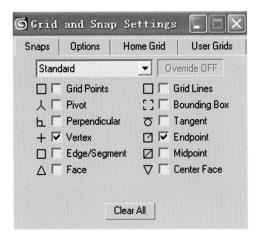

图 1-10　Grid and Snap Settings 对话框

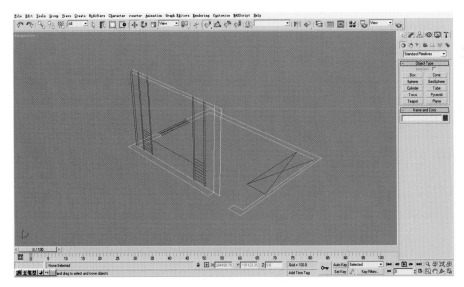

图 1-11　激活 Perspective 视图

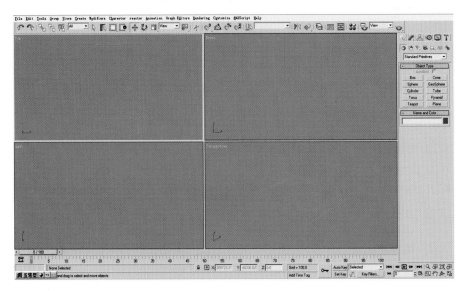

图 1-12　隐藏和冻结

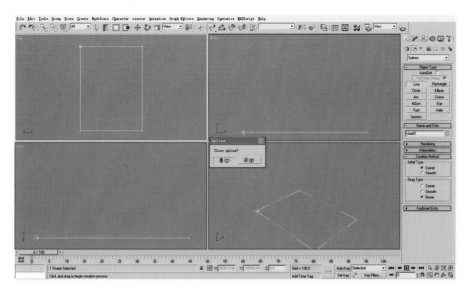

图 1-13　使线条成为闭合的曲线

（9）在修改命令面板中，给墙体线指定"Extrude"（挤出）命令，设定"Amount"（数量）值为 2 800 mm，如图 1-14 所示。

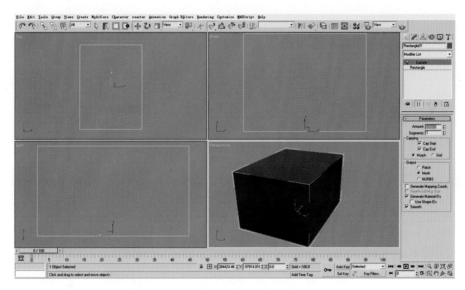

图 1-14　设定"Amount"值

（10）在修改命令面板中，给墙体线指定"Normal"（法线翻转）命令，将物体进行法线翻转，定义成卧室，如图 1-15 所示。

（11）单击创建按钮 下的摄像机按钮 ，单击目标摄像机按钮 Target 。在 Top（顶）视图中创建一部摄像机，并在 Front（前）视图中调整高度、设置好镜头数值，如图 1-16 所示。

（12）从图 1-14 所示的摄像机视图与用户视图中可以看到，整体空间的框架已经被合理地搭建起来了。用户视图中向外的面还看不到，这是因为法线被翻转后全部向内。

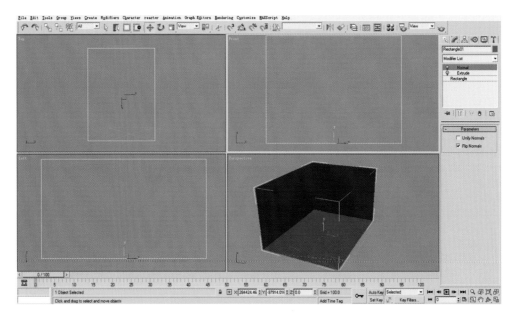

图 1-15　将物体进行法线翻转

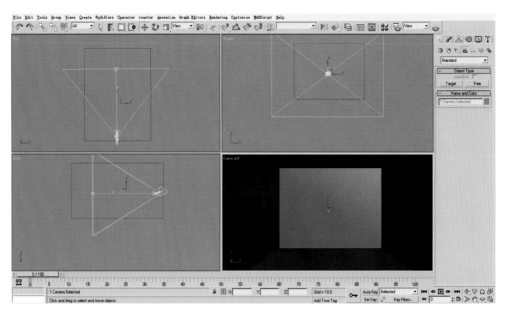

图 1-16　创建摄像机并调整

任务二
立体化卧室室内空间界面

（1）制作顶面，复制卧室墙体，在修改面板中点击按钮 删去 **Normal**（法线翻转）、

Extrude（挤出），定义为顶面线框。

（2）单击按钮 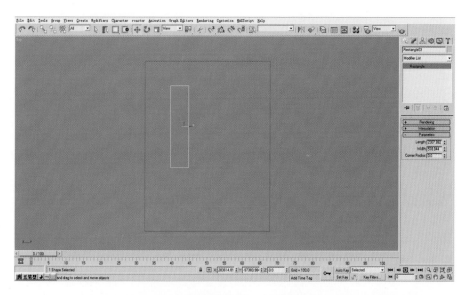（创建），单击按钮 （样条线）并在二维线的创建中单击按钮 Rectangle （矩形），在
TOP（顶）视图中绘制一个矩形，如图 1-17 所示。

图 1-17　绘制一个矩形

（3）选中矩形，右键单击 Convert To:　　　　　▶（转换为） Convert to Editable Spline （转换为可编辑的样
条线），使矩形转变成为可编辑样条曲线，把矩形和墙体线对齐并移到如图 1-18 所示位置。

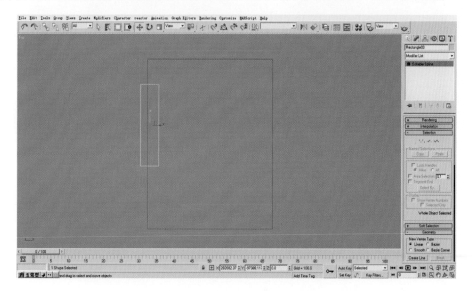

图 1-18　把矩形和墙体线对齐并移到指定位置

（4）点击按钮 Attach （附加），将墙体和矩形结合，选择样条曲线层 Spline ，单击按钮 Trim ，进
行多余线条的修剪，选择点层 Vertex ，点击 Weld （焊接）将修剪的点焊接，如图 1-19 所示。

（5）返回到二维创建命令面板。创建一个较小的矩形线框，摆放位置如图 1-20 所示。

（6）激活首先建立的墙体矩形，进入修改命令面板。单击按钮 Attach （附加），在视图中逐一将小矩形
结合为一体，命名为顶平面，如图 1-21 所示。

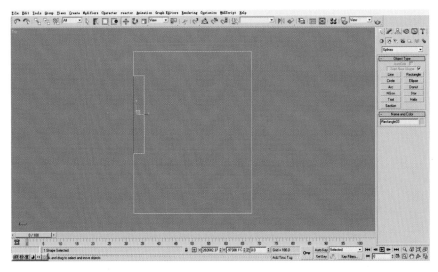

图 1-19　将修剪的点焊接

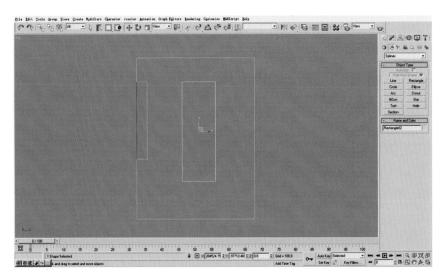

图 1-20　矩形线框摆放位置

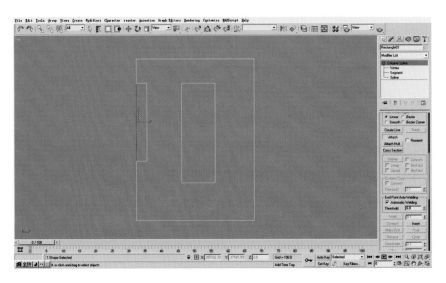

图 1-21　顶平面

（7）选择顶平面，单击按钮　（修改命令），单击"　Exclude　"（拉伸）命令，设定"Amount"（数量）值为 80 mm，移动到如图 1-22 所示的合适位置。

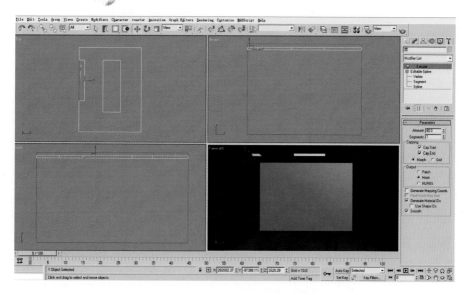

图 1-22　设定"Amount"值并移动到合适位置

（8）为了在绘图的过程中便于观察，设计者在卧室的中央位置临时设置了一盏　Omni　（泛光灯），真正设置灯光时将会删除它，如图 1-23 所示。

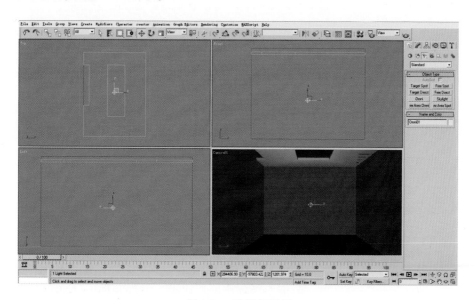

图 1-23　泛光灯设置

（9）右击"卧室"物体，在弹出的嵌块菜单中设定　Convert To:　▶　（转换为）为　Convert to Editable Poly　（转换为可编辑多边形）。

（10）点击多边形层按钮　■　，在视图中选择窗户面的墙体，点击按钮　Detach　（分离），使其从整体卧室物体下分离，重命名为窗户墙面，如图 1-24 所示。

（11）选择窗户墙面，用右键单击按钮　Hide Unselected　（隐藏未选定对象），隐藏其他没有选择的物体，如图 1-25 所示。

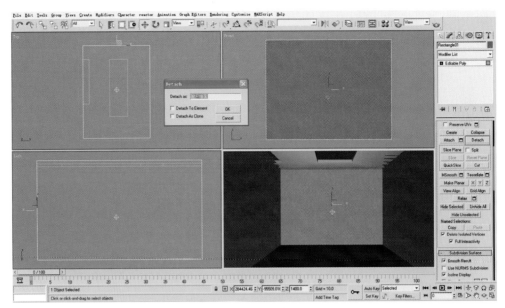

图 1-24　窗户墙面

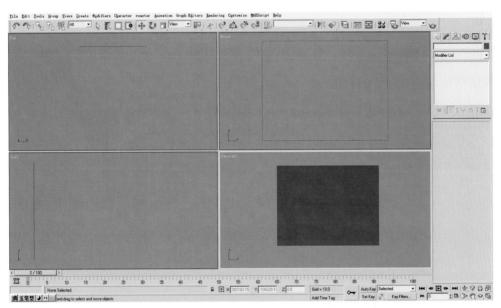

图 1-25　隐藏其他没有选择的物体

(12)点击线段层按钮 ◁ ,在 Front(前)视图中点击按钮 Connect □ (连接),垂直和水平连接两根线段;点击多边形层按钮 ∴ ,把线段移到合适的位置;点击多边形层按钮 ■ ,选择面指定"Extrude"(挤出)命令,设定"Amount"(数量)值为−240 mm,按 Delete(删除)键删除面,进行窗洞的开启,如图 1-26 所示。

(13)单击创建按钮 ↖ ,再单击样条线按钮 ◎ ,在二维线的创建中单击按钮 Rectangle (矩形),点击捕捉按钮 ◌ ,在窗洞中绘制一矩形,用右键点击后,在弹出的嵌块菜单中设定 Convert To: ▶ (转换为)为 Convert to Editable Poly (转换为可编辑多边形),如图 1-27 所示。

(14)点击线段层按钮 ◁ ,在 Front(前)视图中点击连接按钮 Connect □ ,垂直和水平连接相应的线段,位置如图 1-28 所示。

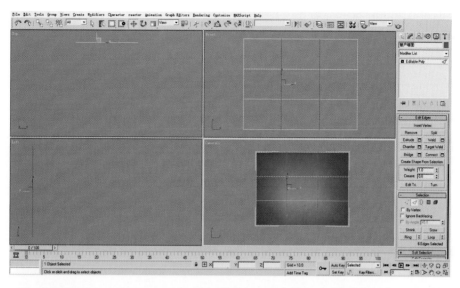

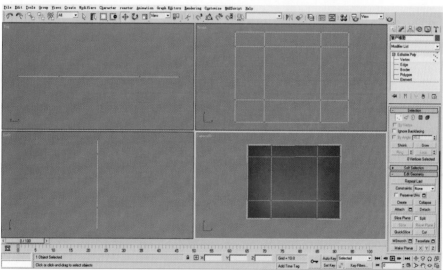

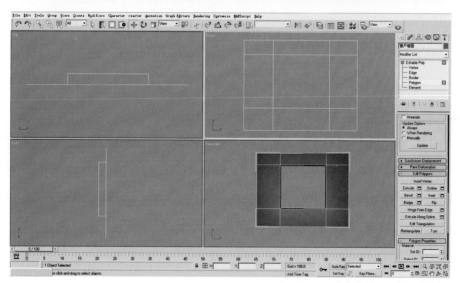

图 1-26　窗洞的开启

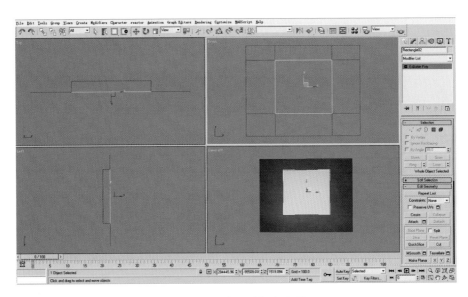

图 1-27　设定可编辑多边形

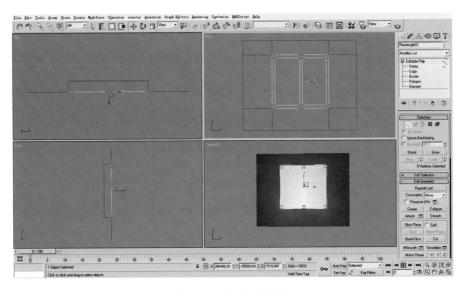

图 1-28　线段的位置

(15)点击多边形层按钮，把线段移到合适的位置，再点击多边形层按钮，选择面指定"Extrude"(拉伸)命令，设定"Amount"(数量)值为－80 mm，命名为窗户，如图 1-29 所示。

(16)右键点击按钮 **Unhide All** (全部取消隐藏)显示所用物体。点击多边形层按钮，在视图中选择卧室床背景的墙体，点击按钮 **Detach** (分离)，使其从整体卧室物体下分离，重命名为背景墙面，如图 1-30 所示。

(17)点击线段层按钮，在 Perspective(透视图)中点击连接按钮 **Connect** ，垂直和水平连接多根线段，参数如图 1-31 所示。

(18)点击多边形层按钮，把线段移到合适的位置，以卧室主立面为参考。点击多边形层按钮，选择面指定"Extrude"(挤出)命令，设定"Amount"(数量)值为 50 mm、30 mm、10 mm，如图 1-32 所示。

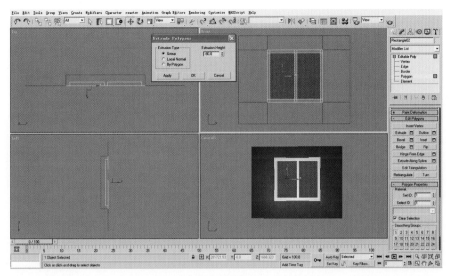

图 1-29　窗户

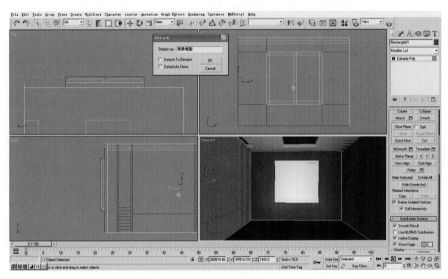

图 1-30　背景墙面

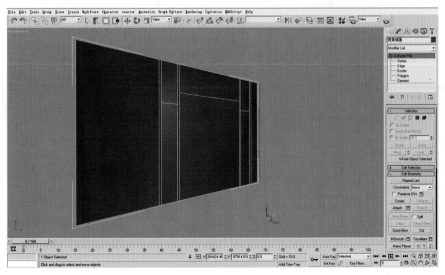

图 1-31　参数

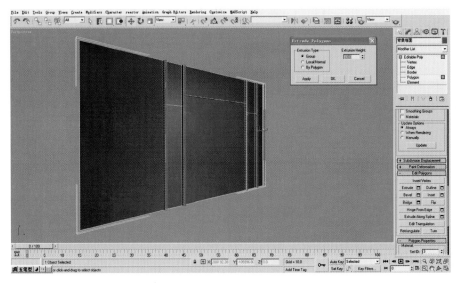

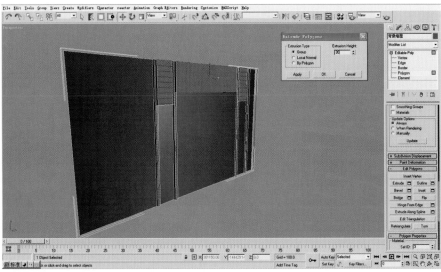

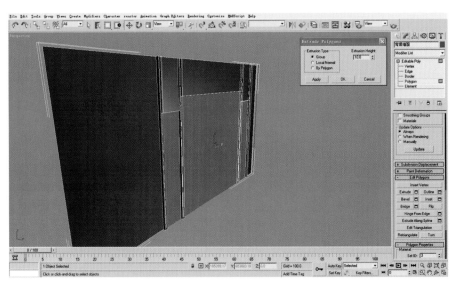

图 1-32　设定"Amount"值为不同的值

(19)选择创建物体,右键点击按钮 **Hide Selection** (隐藏选择)隐藏所选物体,剩下冻结的卧室平面图,重新绘制一线条,选择样条曲线层按钮 Spline ,点击轮廓按钮 Outline ,进行 10 mm 的轮廓,指定"Extrude"(挤出)命令,设定"Amount"(数量)值为 80 mm,重命名为踢脚线,如图 1-33 所示。

(20)调整摄像机到合适的位置,把相机移出模型,利用相机面板中的剪切平面,使空间视图更加合理,参数如图 1-34 所示。

(21)分别在菜单 File(文件)中 Merge(合并)床、装饰品、灯、窗帘、植物等模块来完善整个卧室场景,如图 1-35 所示。

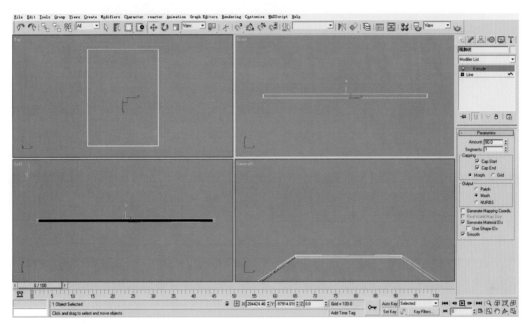

图 1-33　踢脚线

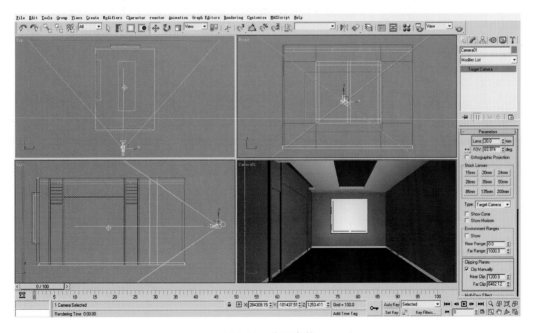

图 1-34　位置参数

图 1-35　完善整个卧室场景

任务三
卧室室内空间场景材质的赋予

(1)给窗户指定材质。通常物体建模完成后应该随时指定材质,以免物体越建越多后造成混乱。材质的参数也许不能一次到位,但在目前大体的位置较好把握,逐渐地调整会慢慢地符合设想效果。按 M 键打开材质编辑器,激活一个样本球,调整参数如图 1-36 所示,命名该材质为"玻璃"。激活场景中的"玻璃"物体,单击指定按钮 将材质指定给它。

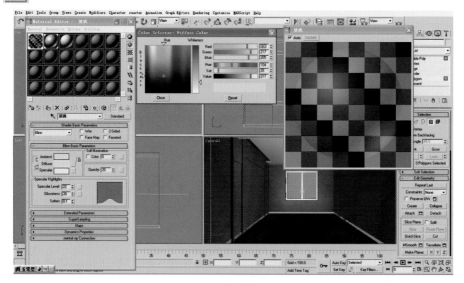

图 1-36　调整参数 1

(2)激活窗框物体。在弹出的"Material Editor"(材质编辑器)面板中选择一个未用示例球,单击"DiffuseColor"(漫反射)颜色条,调整参数如图 1-37 所示,点击指定按钮 将材质指定给它。

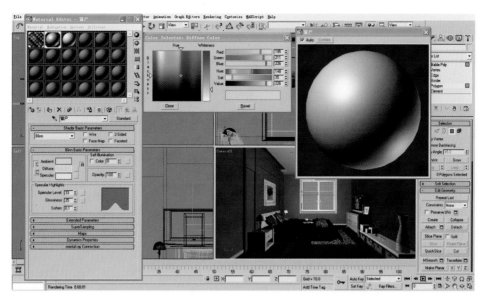

图 1-37　调整参数 2

（3）为卧室的主体空间赋材质。按 M 键，在弹出的"Material Editor"（材质编辑器）面板中选择一个未用示例球。调整墙面材质为亚光白色乳胶漆，参数如图 1-38 所示。然后将此材质赋予墙体、窗户墙面和顶对象。

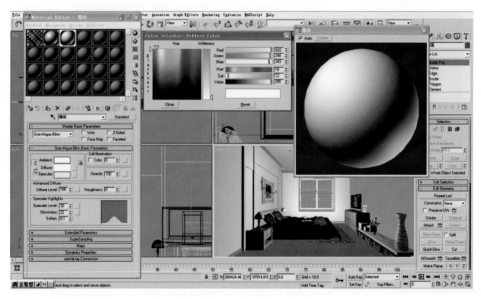

图 1-38　参数 1

（4）选择一个未用示例球，调整卧室主立面的壁纸材质。将此材质的名称更改为背景壁纸，单击"Maps"（贴图）卷展栏中"Diffuse"（漫反射）右侧的按钮　　None　　，在弹出的"Material—Map Browser"（材质—贴图浏览器）中选择　Bitmap（位图），然后双击。在"Select Bitmap Image File"（选择位图图像文件）对话框中选择贴图——项目二——壁纸. jpg 文件，然后双击。最后赋予卧室主立面的壁纸材质对象，参数如图 1-39 所示。

（5）选择一个未用示例球，调整卧室主立面的木纹材质。将此材质的名称更改为背景木纹，单击"Maps"（贴图）卷展栏中"Diffuse"（漫反射）右侧的无按钮　　None　　，在弹出的"Material——Map Browser"（材质——贴图浏览器）中选择　Bitmap　（位图），然后双击。在"Select Bitmap Image File"（选择位图图像文

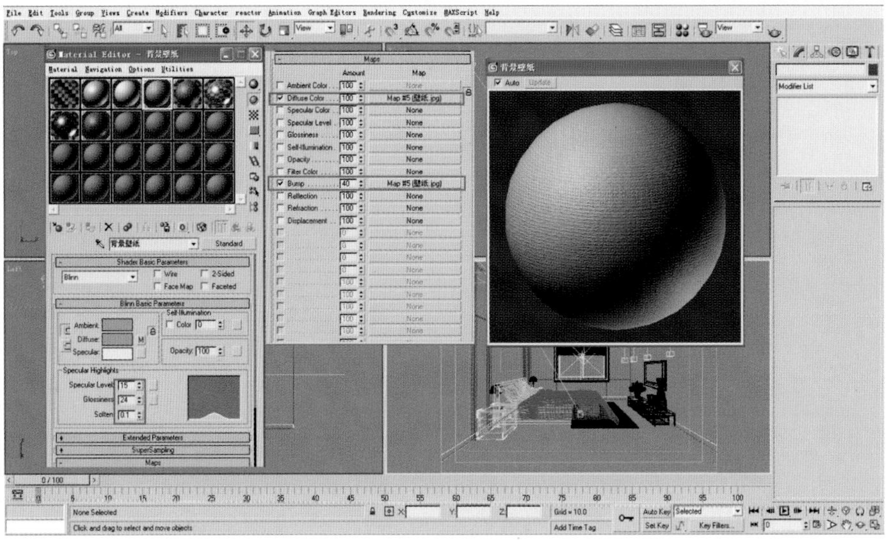

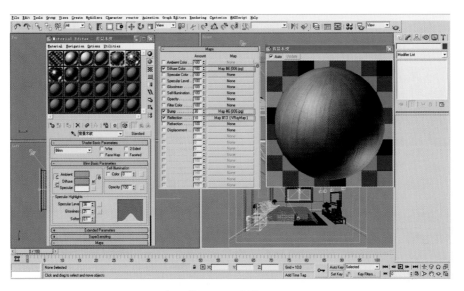

图 1-39　参数 2

件)对话框中选择贴图——项目二——背景木纹. jpg 文件,然后双击。最后赋予卧室主立面的木纹材质对象,参数如图 1-40 所示。

图 1-40　参数 3

(6)选择一个未用示例球,调整卧室主立面的金属材质。将此材质的名称更改为背景金属,单击“Maps”(贴图)卷展栏中“Diffuse”(漫反射)右侧的(表面色)颜色条,在弹出的面板中选择颜色,最后赋予卧室主立面的金属材质对象,参数如图 1-41 所示。

(7)选择一个未用示例球,调整地面材质。将此材质的名称更改为地板,单击“Maps”(贴图)卷展栏中“Diffuse”(漫反射)右侧的无按钮　**None**　,在弹出的“Material——Map Browser”(材质——贴图浏览器)中选择 **Bitmap**(位图),双击。在“Select Bitmap Image File”(选择位图图像文件)对话框中选择贴图——项目一——地板. jpg 文件,然后双击。最后赋予地面对象,参数如图 1-42 所示。

(8)按住“Ctrl+S”键,在弹出的“Save File As”(文件另存为)对话框中将该场景命名为卧室主体空间,保存在作品文件夹的项目一中。

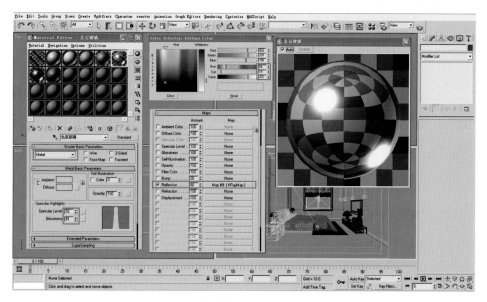

图 1-41　参数 4

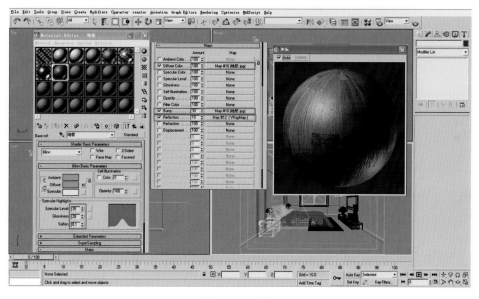

图 1-42　参数 5

任务四
卧室室内空间灯光的创建与调整

（1）将主要运用灯光模拟自然光和人工光进行照明，灯光由泛光灯和 Vray 片面灯光组成。首先在会议室空间窗户外创建 Vray 片面灯光，用于模拟自然光的发光效果，其设置的参数和位置如图 1-43 所示。

（2）下面在 Top（顶）视图中创建 Vray 片面灯光。在 Front 和 Left 视图中，这一盏灯光主要用于模拟室内灯光的整体发光效果，在 Front（前）和 Left（左）视图中把这一盏灯调整到合适位置，其设置的参数和位置如图 1-44 所示。

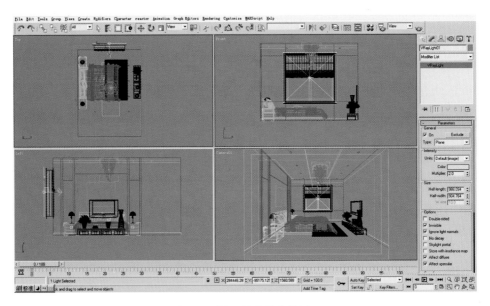

图 1-43　设置的参数和位置 1

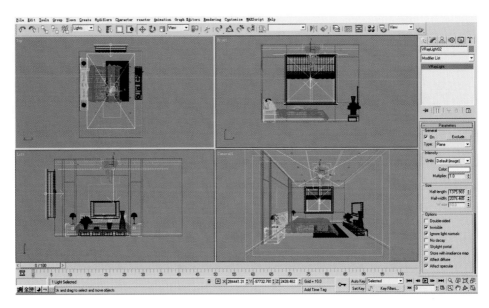

图 1-44　设置的参数和位置 2

　　(3)为卧室背景墙上方的顶设置灯槽灯光。在 Top(顶)视图中创建 Vray 片面灯光,在 Front(前)和 Left(左)视图中调整到合适位置,其设置的参数和位置如图 1-45 所示。

　　(4)为卧室中间的顶设置灯槽灯光。在 Front(前)视图中创建 Vray 片面灯光,在 Top(顶)和 Left(左)视图中调整到合适位置,复制四盏作围合处理,灯光方向朝着顶部中心。其设置的参数和位置如图 1-46 所示。

　　(5)为卧室设置一太阳光。在 Top(顶)视图中创建一目标平行灯,在 Front(前)和 Left(左)视图中调整到合适位置,勾选"Shadows"(阴影)下的"On"(打开)复选框,选择 VRayShadow (Vray 阴影),适当调节"Directional parameters"(平行灯参数)卷展栏下的两个参数,其中,"Hotspot/Beam"(聚光区)参数主要用于控制光区的照亮范围;"Falloff/Field"(衰减区)参数主要用于控制衰减区的范围,即灯光的聚光区边缘向周边环境的过渡范围,其设置的参数和位置如图 1-47 所示。

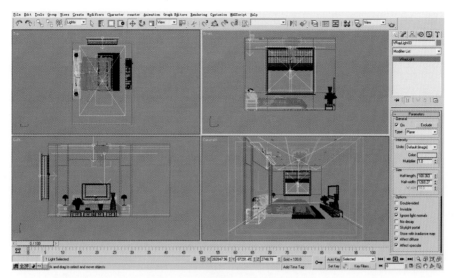

图 1-45 设置的参数和位置 3

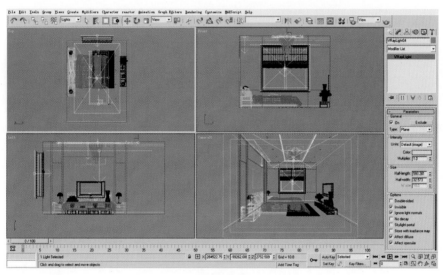

图 1-46 设置的参数和位置 4

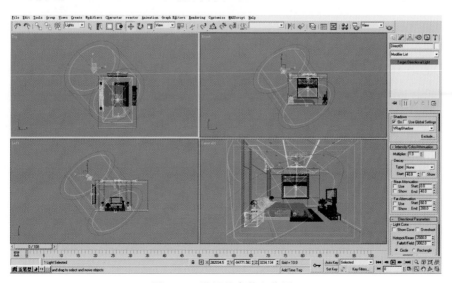

图 1-47 设置的参数和位置 5

(6)为卧室设置一组光学灯光来模拟顶部筒灯效果。在 Front(前)视图中创建一目标点光源,在 Top(顶)和 Left(左)视图中调整到合适位置,将"Intensity/Color/Distribution"(强度/颜色/传播)卷展栏下的"Distribution"(分布)选项后的选项设定为"Web"(光域网)。单击按钮 Web Parameters (光域网参数),打开该卷展栏,单击"Web File"(光域网文件)右侧的按钮,在弹出的对话框中为灯光指定光域网文件。这里选择的是一个筒灯的光域网文件,它模拟的真实筒灯的照明效果,显然比默认的灯光光效丰富得多,并关联复制三盏,其设置的参数和位置如图 1-48 所示。

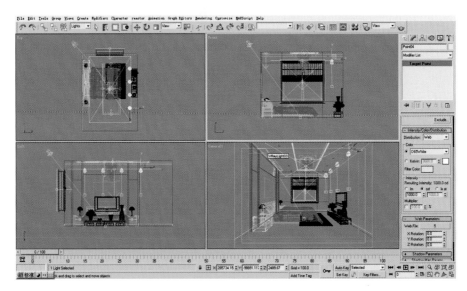

图 1-48　设置的参数和位置 6

任务五
卧室室内空间渲染设置和输出

(1)当所有的灯光对象创建完成以后,按 F10 键,在弹出的[Render Scene](渲染场景)对话框中选择[Common](常规)选项卡。在 Assign Renderer (指定渲染器)卷展栏中,选择[Production](选择渲染器)选项,选择 V-Ray Adv 1.5 RC2 Vray 渲染器。

(2)草图渲染。草图渲染便于观察材质及灯光关系是否合理、准确。在 Common(常规)面板下 Output Size(输出尺寸)设置为 320 m×240 m,便于渲染速度,其设置的参数如图 1-49(a)所示。在 Global switches(全局设置)面板下去除 Default Lights(默认灯光),使系统默认的灯光关闭,勾选 Max depth(深度)让场景中材质的反射和折射反弹次数减少为设置次数。设置如图 1-49(b)所示。Image sampler(Antianliansing)(图像采样器(抗锯齿))面板下图形采样类型为 Fixed(固定),抗锯齿关闭,为了提高草图的渲染速度。设置如图 1-49(c)所示。

(3)在 Indirect illumination(GI)(间接照明(GI))面板下 On(开启)勾选上、执行间接光,Primary bounces(一级反弹)和 Secondary bounces(二级反弹)的引擎类型和参数设置如图 1-49(d)(e)(f)所示。在

Color mapping(色彩映射)面板中选择 Exponential(指数曝光)类型,降低靠近光源处表面的曝光效果,同时使场景的颜色饱和度降低。设置如图 1-49(g)所示。

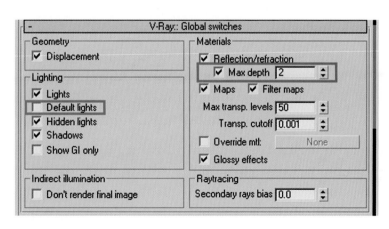

(a)

(b)

图 1-49　设置草图的参数

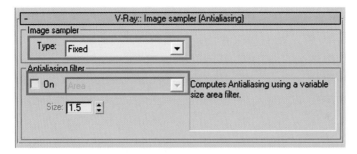

（c）

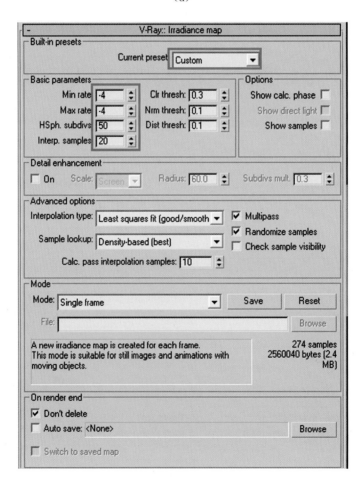

（d）

（e）

续图 1-49

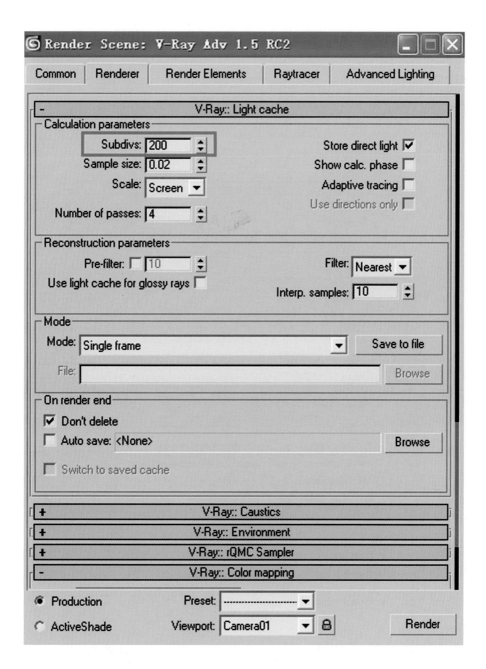

（f）

（g）

续图 1-49

　　(4)观察草图渲染,调整完灯光和材质后,确定不再修改场景中灯光和材质参数了,就可以渲染光子图,光子图是为了最后的渲染大图作准备的,渲染最终大图可以用光子图的尺寸放大不超出5倍来输出。设置 Commom(常规)面板下 Output Size(输出尺寸)设置为 400×300,该尺寸是最终大图的五分之一。Global switches(全局设置)面板、Image sampler(Antianliansing)(图像采样器(抗锯齿))面板、在 Indirect illumination(GI)(间接照明(GI))面板下参数和草图渲染模式保持不变,Irradiance map(光子贴图)面板和 Light cache(灯光缓存)面板进行参数数值的细分,光子图设置参数如图 1-50 所示。

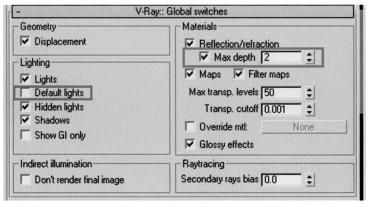

图 1-50　光子图设置参数

V-Ray:: Image sampler (Antialiasing)

Image sampler

Type: Fixed

Antialiasing filter

☐ On　Area

Size: 1.5

Computes Antialiasing using a variable size area filter.

V-Ray:: Indirect illumination (GI)

☑ On

GI caustics

☐ Reflective
☑ Refractive

Post-processing

Saturation: 1.0　☑ Save maps per frame
Contrast: 1.0
Contrast base: 0.5

Primary bounces

Multiplier: 1.0　　GI engine: Irradiance map

Secondary bounces

Multiplier: 1.0　　GI engine: Light cache

V-Ray:: Irradiance map

Built-in presets

Current preset: Medium

Basic parameters

Min rate: -3　　Clr thresh: 0.4
Max rate: -1　　Nrm thresh: 0.2
HSph. subdivs: 80　　Dist thresh: 0.1
Interp. samples: 80

Options

☐ Show calc. phase
☐ Show direct light
☐ Show samples

Detail enhancement

☐ On　Scale: Screen　Radius: 60.0　Subdivs mult. 0.3

Advanced options

Interpolation type: Least squares fit (good/smooth)　☑ Multipass
　　　　　　　　　　　　　　　　　　　　　　　☑ Randomize samples
Sample lookup: Density-based (best)　　☐ Check sample visibility

Calc. pass interpolation samples: 15

Mode

Mode: Single frame　　Save　Reset

File:　　Browse

A new irradiance map is created for each frame.
This mode is suitable for still images and animations with moving objects.

274 samples
2560040 bytes (2.4 MB)

On render end

☑ Don't delete
☑ Auto save: C:\Documents and Settings\Administrator\桌面\3D书图　Browse
☑ Switch to saved map

续图 1-50

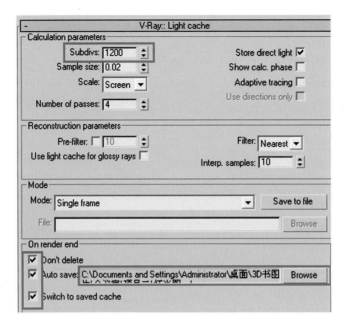

续图 1-50

(5)渲染最终大图,Commom (常规)面板下 Output Size(输出尺寸)设置为 2000×1500,设置输出的尺寸是光子图尺寸的 5 倍,Image sampler(Antianliansing)(图像采样器(抗锯齿))面板下的选择类型。参数如图 1-51 所示。

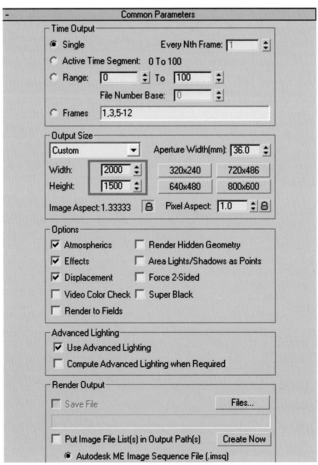

图 1-51　渲染最终大图的参数

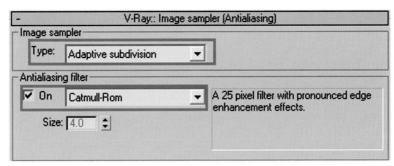

续图 1-51

(6)选择菜单栏中的 File(文件)—Save(保存)命令,将该场景保存在作品文件夹项目一中。最后设置渲染尺寸,以便得到更高品质的效果图。同时进行输出保存设置,命名为卧室渲染图,文件格式为(.tga)。

(7)选择菜单栏中的"File"(文件)—"Save As"(另存为)命令,将该场景保存在作品文件夹的项目二中,命名为卧室通道图。

(8)在菜单 MAXScript(MAXS 脚本)下点击 Run Script...(运行脚本)弹出面板(项目——本强强)脚本,步骤如图 1-52 所示。

(9)打开材质编辑器,所有使用材质球都变成色块显示,如图 1-53 所示进行选择。

(10)把场景中所有灯光关闭,在 - General Parameters (常规参数)面板下"On"去除勾选,关闭使用,如图 1-54 所示。

(11)渲染通道图,命名为会议室通道图,文件格式为.tga。

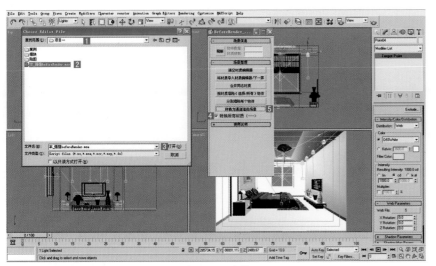

图 1-52　步骤

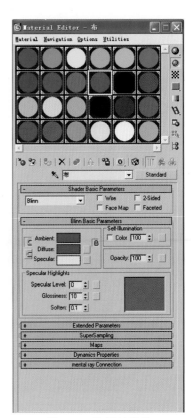

图 1-53　选择材质球

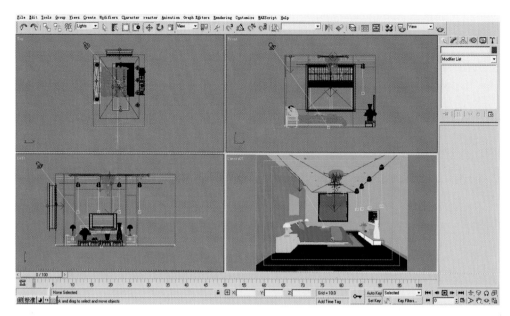

图 1-54　灯光关闭

任务六
卧室室内空间后期效果调整

（1）启动 Photoshop 软件，按"Ctrl＋O"键，在弹出的（打开）对话框中选择卧室渲染图和卧室通道图并将其打开，如图 1-55 所示。

图 1-55　打开图片

（2）按住 Shift 键把卧室通道图拖曳到卧室渲染图上，关闭卧室通道图，如图 1-56 所示。

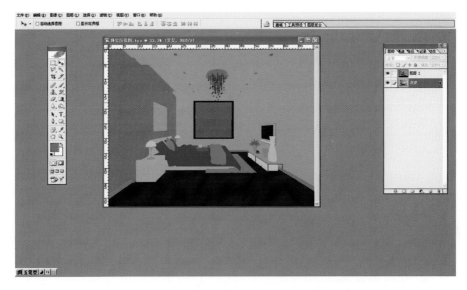

图 1-56　关闭卧室通道图

（3）复制背景图层，点击显示按钮 ，关闭背景图层显示，背景副本移到最上层如图 1-57 所示。

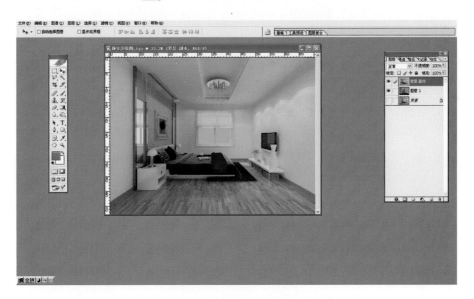

图 1-57　关闭背景图层显示

（4）单击（裁切工具）按钮 ，在打开的效果图画面中，创建一个如图 1-58 所示的裁切框，这样可以保证画面构图的完美性。

（5）在建立的裁切框中双击鼠标左键，确定裁切的范围。

（6）选择卧室通道图层，选择卧室通道图层单击魔棒工具 ，在画面中点击墙体的色块，如图 1-59 所示。

（7）切换到卧室渲染图图层，对画面的亮度进行调整，选择菜单栏中的"图像—调整—曲线"命令（或按"Ctrl＋M"键）（曲线快捷键），在弹出的如图 1-60 所示的曲线对话框中进行设置。

（8）用同样的方法对地面、背景墙、装饰品等进行曲线调整，如图 1-61 所示 。

图 1-58　创建裁切框

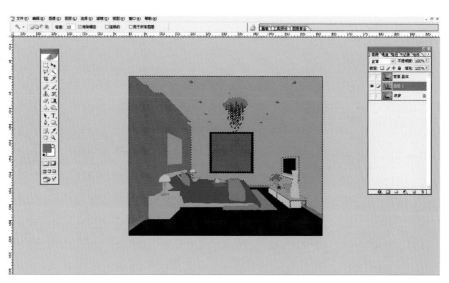

图 1-59　点击墙体的色块

图 1-60　曲线对话框

图 1-61　曲线调整

（9）对画面的黑白关系进行校正。选择菜单栏中的"图像—调整—色阶"命令（或按"Ctrl＋L"键）（色阶快捷键），在弹出的如图 1-62 所示的色阶对话框中进行设置。

图 1-62　色阶对话框

（10）对画面的色彩进行校正，更改图像总体颜色的混合程度。选择菜单栏中的"图像—调整—色彩平衡"命令（或按"Ctrl＋B"键）（色彩平衡）快捷键，在弹出的如图 1-63 所示的色彩平衡对话框中进行设置。

（11）按"Ctrl＋O"键，在弹出的（打开）对话框中选择室内植物. psd 文件并将其打开，如图 1-64 所示。可以在随书所附的光盘（图库—项目一）中找到该文件。

（12）单击（移动工具）按钮 ，将打开的画面上的植物移动复制到卧室效果图中，按"Ctrl＋T"键（变换）（变换快捷键），调整大小，放到合适位置，如图 1-65 所示。

（13）对植物画面的亮度色彩进行校正，更改图像总体颜色的混合程度。选择菜单栏中的"图像—调整—曲线"命令（或按"Ctrl＋M"键）和图像—调整—色彩平衡命令（或按"Ctrl＋B"键）进行调整，效果如图 1-66 所示。

图 1-63　色彩平衡对话框

图 1-64　打开图片

图 1-65　调整图片

图 1-66　效果图

（14）对画面的对比度进行校正，更改图像的总体黑白对比关系。选择菜单栏中的"图像—调整—亮度/对比度"命令，在弹出的如图 1-67 所示的亮度/对比度对话框中进行设置。

图 1-67　亮度/对比度对话框

（15）画面的整体色调已得到很好的改善，但是画面的清晰度还是不够。选择菜单栏中的"滤镜—锐化"命令，将该画面进行锐化设置，如图 1-68 所示。

（16）一张具有浓烈现代风情的卧室表现图跃然眼前，迷离的光色，活泼但不轻佻，恰到好处地丰富了室内氛围，使空间小而不薄，活而不飘，稳而不泥，如图 1-69 所示。

（17）按"Shift＋Ctrl＋S"键，在弹出的（存储为）对话框中将该图像文件命名为卧室效果.jpg，保存在作品文件夹的项目一中。

图 1-68　锐化设置

图 1-69　完成图

> 小结

　　本项目主要学习了卧室效果图的制作方法。通过学习该效果图的制作,可以了解人造光和自然光对象相结合的创建方法及所得到的效果。

Max Shinei Sheji Xiaoguotu Shixun

项目二
小型会议室室内设计表现

一、小型会议室室内设计表现

1. 设计表现任务书

1）设计课题——小型会议室室内设计表现

通过让学生介入小型会议室的室内设计，了解公共空间与住宅空间设计的异同，并深入掌握办公空间室内设计的方法。

2）设计理念

以人为本，突出事务所的经营定位，注重企业形象，强调工作的舒适性、高效性和工作的乐趣。

3）设计条件

(1)根据给定的图纸进行设计，建筑室内面积 300 m^2 左右。

(2)本案是真实的项目，甲方对设计有一些基本要求。

4）图纸表达

(1)3ds Max 源文件；

(2)渲染图；

(3)通道图；

(4)最终效果图。

5）办公空间室内设计的分类、依据、要求和特点

随着城市经济的发展，城市化进程的加快，使城市信息、经营、管理等方面都有了新的要求，也使办公建筑有了迅速发展。同时，以现代科技为依托的办公设施日新月异，既使办公模式多样而富有变化，又使人们对办公建筑室内环境行为模式有了新的认识，从观念上不断增添新的内容。

办公建筑及其室内环境的基本分类如下。行政办公：各级机关、团体、事业单位、工矿企业的办公楼。专业办公：设计机构、科研部门、商业、贸易、金融、信托投资、保险等行业的办公楼。综合办公：含有公寓、商场、金融、餐饮、娱乐设施等的办公楼。

由于信息网络技术的发展和人们对办公环境质量要求的提高，办公空间合理的信息资源管理、办公方式的信息互通、工作效率、办公机构形象和效益、办公场所的人性化和个性化等方面已成为办公空间的设计重点。

办公空间各类用房按其功能性质分类，房间的组成一般分为以下几种类型。

(1)办公用房。办公建筑室内空间的平面布局形式取决于办公楼体本身的使用特点、管理体制、结构形式等。办公室的类型有小单间办公室、大空间办公室、单元型办公室、公寓型办公室和景观办公室等。此外，绘图室、主管室或经理室也可属于具有专业或专用性质的办公用房。

(2)公共用房。办公楼内外人际交往或内部人员聚会、展示等用房，如会客室、接待室、各类会议室、阅览展示厅、多功能厅等。

(3)服务用房。服务用房是为办公楼提供资料和信息的收集、编制、交流、储存等的用房，如资料室、档案室、文印室、计算机室和晒图室等。

(4)附属设施用房。附属设施用房是为办公楼工作人员提供生活及环境设施服务的用房，如开水房、卫

生间、电话交换机房、变配电间、空调机房及员工餐厅等。

办公空间室内设计通常有以下几点依据。

(1)室内办公、公共、服务及附属设施等各类用房之间的面积分配比例、房间的大小及数量,均应根据办公楼的使用性质、规模和相应标准来确定。

(2)办公空间所在的位置及层次,应将与对外联系较为密切的部分布置在靠近出入口或靠近出入口的主通道处。如把收发传达室设置在出入口位置,接待、会客及一些具有对外性质的会议室和多功能厅设置在靠近入口处的主通道处,人数众多的厅室还应注意安全疏散通道的设置。

(3)综合型办公室不同功能的联系与分隔应在平面布局和分层设置时予以考虑。当办公与商场、餐饮、娱乐等组合在一起时,应把不同功能的出入口尽可能地单独设置,以免产生干扰。

(4)从安全疏散和有利于通行考虑,袋形走道远端房间门至楼梯口的距离应不大于 2 000 mm,且走道过长时应该设置采光口或设计补充光源。单侧设房间的走道净宽应大于 1 300 mm,双侧设房间的走道净宽应大于 1 600 mm,走道的净高不低于 2 100 mm。

常规办公空间室内设计的要求主要有以下各项。

(1)室内空间组织和平面布局应尽量组织合理。传统的普通办公空间比较固定,如果是单人使用的办公室,则主要考虑各种功能的分区,分区应合理,尽量避免交通流线交叉造成过多走动;如果是多人共同使用的办公室,在布置上则首先考虑按工作的顺序安排每个人的位置及办公设备的位置,应该避免交通流线的交叉,以避免相互的干扰。开放式办公空间多采用工业化生产的隔屏和家具,其中的办公单元应按功能关系进行分组。

(2)办公空间的照明是长时间进行公务活动的明视照明,不仅要考虑办公空间中工作面的照明,而且要考虑整个房间的视觉环境舒适的照明,也就是说,在办公空间中,又要考虑办公桌上水平照度的效率,又要考虑使人能有效地观望物体、保护视力、提高工作效率、平衡情绪,充分体验空间的舒适和美观。良好的热效应和通风、降噪也是办公空间室内环境物质功能的需要。

(3)办公空间的空间构成和界面处理具有造型简洁优美的要求,光、色和材质的配置力求实用、明快。为达到现代办公高效快节奏的要求,办公空间中装修材料和设备设施的选择要尽量适用、美观、经济、加工方便、省时,相应地必须采用合理的装修构造和技术措施来进行配合。

(4)现实生活中,许多人要在办公环境中度过大部分的工作时间,所以,设计师对办公空间和人体尺度的联系应有较高的敏感和认识。例如,在设计普通办公室时,必须要考虑大多数使用者的侧向手握距离和向前的手臂作用范围,以保证设计出舒适的秘书椅、恰到好处的椅子靠背及高度适宜的吊柜。要保证办公室里有足够的通行距离,还要考虑办公人员坐着的时候各种尺寸与文件柜之间的关系。在一个大办公室中用隔断分成若干个开敞式的小空间,在设计这些隔断时,要考虑人站立时和坐时的眼睛的高度,其中要特别认识到男女性别的差异所产生的不同尺度要求。

(5)办公空间属于公共空间,其设计必须严格遵守安全疏散、防火、卫生、防污染等设计规范,遵守与设计任务相适应的有关定额标准。比如,从室内每人所需的空气容积及办公人员在室内的空间感受考虑,办公室的净高一般不低于 2 600 mm,设置空调高度时也应不低于 2 400 mm。根据办公室等级标准的高低,办公人员常用的面积定额为 3.5～6.5 平方米/人。

(6)办公空间的设计要适应可持续性发展的要求。室内空间设计应考虑室内环境的节能、节材,注意充分利用和节省室内空间,前瞻性地预测所设计的办公空间在未来几年的可能发展。进行设计时可从选材、施工工艺、空间组合、界面处理等角度,为相关空间的未来发展留有余地。办公空间的设计还应关注室内环境对于使用者的生理、心理感受的影响,自然采光和通风必须给予充分重视,有利于减免"空调病""办公综合征"等办公空间的常见职业病症。德国同行在设计办公空间时就严格遵守行业规定的标准,办公桌离窗户的最远距离不得大于 6 000 mm,以确保自然采光和通风的充足与通畅。在我国,办公室的天然采光规定的采光系数窗地面积比应不小于 1∶6,同样是出于这一方面的考虑。

随着当今社会多元化的发展,办公空间出现了一些新特点,传统办公模式稳步发展的同时也出现了一些全新的办公模式。比如:家庭办公制,就是指公司员工可以在家中完成适量的办公工作,他们充分利用计算机网络、通信网络等现代化通信手段,与企业或公司保持可靠的信息联系;旅馆办公制,就是指办公人员通过事先联系或登记预定办公桌位及设备,由办公楼服务台工作人员对办公桌位、设备及用房进行管理和分配;轮用办公制,就是指为公司部分员工安排办公室和办公桌位时采用"先来先用"的原则,基本上是哪一部分员工先来工作或急需工作就先使用公司或企业的办公室和办公桌位,以充分提高办公室和办公桌位的利用率;客座办公制,就是指两家或更多公司或企业之间根据协议,其中一家可以使用另外一家的办公室进行办公。

现代办公空间趋向于重视人与人际活动在办公室中的舒适感与和谐氛围,适当设置室内绿化、布局上柔化室内环境的处理手法,有利于调整办公人员的工作情绪,充分调动工作人员的积极性,从而提高工作效率。组织室内空间时密切关注功能、设施的动态发展和更新,适当选用灵活可变的、"模糊型"的办公空间划分,这样具有较好的适应性。办公室内设施、信息、管理等方面,则应充分重视运用智能型的现代高科技手段。办公空间如图 2-1 所示。

图 2-1　办公空间

6）办公空间室内设计的色彩

　　造型和色彩是空间设计的两大要素，造型和色彩相互补充才能构成完整的设计语言。办公空间中的色彩处理要根据使用功能和风格的要求，首先确定色彩的基调，要制定一个色彩序列标准，色彩序列中要有统一的色调和对比关系。在不同空间分区的色彩处理中，对色彩进行不同的组合就会产生不同的空间色彩效果，最重要的是基本的色彩关系保持整体风格的统一。室内空间的色彩是由构成室内环境的各个元素的材料共同组成的。办公空间属于公共空间，由于室内空间的功能丰富多样，致使其空间环境相对复杂，各种材质肌理的选择就应该遵循整体统一的要求，各种材质肌理的选择最终反映到色彩的搭配上。通常，设计师的设计原则为"大调和，小对比"。空间中的整体色彩以各种略有某种倾向的灰色为主，同时可以通过隔断、家具面料、室内陈设等的材料质感所带来的局部高亮度或高彩度的色彩进行适当调配。办公空间室内设计的色彩如图 2-2 所示。

图 2-2　办公空间室内设计的色彩

7)办公空间室内设计的界面处理

室内空间是无限的、无形的、弥漫扩散的,其形态必须借助于实体要素才能够得以显形。实体要素可以被人们看到和触摸到,是直接作用于感官的"积极形态",是形成和感知空间的媒介。空间与实体要素不可分割、互为依存、虚实相生。

室内空间主要是由建筑的结构构件和维护构件等实体要素限定而成的。这些要素包括墙体、地面、顶棚、隔断、柱体、护栏等,这些限定空间的实体要素统称为界面。界面的设计就是对这些围合和划分空间的实体要素进行设计,包括根据空间的使用功能和风格、形式特点来设计界面实体的形态、色彩、质感和虚实程度,选择用材,以及解决界面的技术构造与建筑的结构、水、暖、电、通风、消防、音响、监控等管线和设备设施的协调及配合等的关系问题。界面设计既包含功能技术要求,也有造型美观要求,不但涉及艺术、结构、材料,而且包括设备、施工、经济等多方面的因素,综合性极强。

办公空间室内各界面的处理,应考虑管线铺设、连接与维修的方便,选用不易积灰、易于清洁、能防静电的底、侧界面材料。界面的总体环境色调宜淡雅、明净,便于和谐、高效氛围的营造。办公空间室内各界面的选材、用材还应该注意"精心设计、巧于用材、优材精用、常材新用"。办公空间室内设计的界面处理如图2-3所示。

图2-3 办公空间室内设计的界面处理

办公空间的顶棚是空间中的主要界面之一,应该质轻、防火并有一定的光反射和吸声的作用。设计中最为关键的是必须与空调、消防、照明等有关设施密切配合,尽可能地使吊顶上部各类管线协调配置,在空间高度和平面布置上排列有序。办公空间的顶棚常选用石膏板作为基层板,其外涂刷乳胶漆。龙骨多采用耐燃和防火性能好的轻钢龙骨,如有需要木龙骨或细木工板结合制作造型,则必须在木龙骨和细木工板上按国家标准要求喷涂防火涂料至少三遍。大面积的开敞式办公空间由于要求施工工期短、更新快、经济指标低,其顶棚往往采用装配式的矿棉板,配套龙骨为 T 形、L 形铝合金烤漆龙骨系列。除了能够达到上述要求以外,矿棉板的保暖、隔热、吸声性能也属良好。矿棉板的外表面一般被处理成各种花纹图案,有一定的装饰性,符合美观的要求。目前,部分办公空间的室内顶棚也有保持原始状态,不使用装修手法处理的设计方案,即各种管、线、吊件、灯具、喷淋头、烟感器、音响设备等使其完全暴露,不作遮挡,乱中求静,为保持统一可以使用乳胶漆等涂料喷刷成一致的色调,例如深灰色、淡灰色、黑色等。这种设计方案成本低,施工便捷,方便检修,感觉时尚前卫。

办公空间的各主要立向界面是室内视觉感受较为明显的部位。造型和色彩以明快、淡雅为宜,有利于营造合适的办公氛围。立向界面有分隔空间、界定区域、视觉导向、装饰主题等功能。分隔空间较多地体现在平面布局时,各功能空间的划分主要通过各种材质、高低、虚实的隔墙或隔断来实现。一般来说,企事业单位都有自己的 CI 策划系统,它包括企业理念、企业行为、企业视觉识别系统三大部分,而视觉识别系统是和室内、外空间的导向设计联系在一起的。导向设计主要围绕标志、字体、色彩、形状等进行。视觉导向在办公空间中合理的应用至关重要,办公空间形象墙、楼层指引、房间标示、交通疏导等可以有效地保障办公空间的有序、高效。视觉导向通常是以各种与空间设计语言相协调的导向符号和表达方式并由立向界面来实现的。

办公空间的墙体是立向界面的主力军,是限定空间的基本部件。通常,主要通过墙体来实现对空间的分隔与围合;隔断也是空间中常见的立向界面之一,多数不起结构和承重的作用,所以在形状和围合方式上具有更多的可能性,既可以划分空间,又可以增加空间的层次感,组织人流路线,增加可依托边界。办公空间的立向界面多以各色的乳胶漆涂刷,也可以使用壁纸贴饰,装饰标准较高的办公空间的墙面还可以使用榉木、胡桃木、樱桃木、泰柚木等装饰夹板进行表面装饰。处理成各种表面肌理效果的石材也是高档办公空间的常用装饰材料。例如,同样是使用蓝钻花岗石装饰空间中的局部墙体,既可以选用表面抛光的板材,又可以选用将其表面进行机械刨制出装饰条纹的板材,这些都可以根据设计的效果进行配合。加工方便、耐久性好、防火级别较高的防火板也是办公空间各个界面常见的装饰材料。防火板的表面效果丰富多彩,可以逼真地模仿各种木材、石材、皮革、金属等的肌理和图案。塑铝板在办公空间中的应用也越来越广泛,便于加工、易于清洁、视觉感受清新大方都是采用它的原因所在。在实际设计的过程中,能够采用的材料多种多样,不拘一格,最终是否能够达到理想效果的关键取决于设计师的实践经验和设计能力,如图 2-4 所示。

地面是室内空间的基础平面,需要支持承托人体、家具、设备设施等重量,在室内空间中是与人接触最密切、使用最频繁的部位。办公空间的地面应该考虑减少噪音、防火、防污等因素,同时还须考虑管线铺设与电话、计算机等的连接问题。地面的选材和构造必须坚实而耐久,足以经受持续的磨损、磕碰和撞击。根据设计的需要,有的空间还应考虑交通导向问题,可以通过不同区域铺装不同材料的手法进行区域划分与人流导向。开敞式的办公空间有利于办公人员之间、团队之间的联系,提高办公设施、设备的利用率。相对于间隔式的小单间办公室而言,大空间办公室减少了公共交通和结构面积,缩小了人均办公面积,从而提高了办公建筑主要使用功能的面积率。但是大办公空间室内容易嘈杂、混乱,相互干扰较大,所以对于各界面的处理要求也就更高,其中地面的吸声、管线暗藏作用不可忽视。办公空间的地面常见的装饰用材有花岗石、大理石、陶瓷锦砖、预制水磨石、实木地板、复合木地板、PVC 卷材、水泥地面表面涂漆处理、地毯、水泥纤维板、钢化玻璃、玻璃砖等,如图 2-5 所示。

图 2-4　办公空间室内设计效果图

8）办公空间室内设计的家具

当前,许多设计师的习惯做法是只把界面设计作为设计的主要内容,其他问题由业主来解决。业主虽然有着自己的欣赏习惯和个性化的爱好,但缺乏把握整体效果的专业技能,无法准确地体现设计意图,往往后期配置得不当,影响甚至破坏了整体效果,不能达到预期的效果。所以,负责任的设计师应该坚持将设计深化到包括家具、灯具、照明、陈设在内的完整的设计,这无疑对设计师的专业素质提出了更高的要求。

家具在体量、色彩、尺度、造型风格等方面,对室内空间的整体效果都会产生很大的影响。设计师应该注意学习和掌握家具设计的专业知识,才能很好地把握家具和室内空间的恰当配合关系,提升室内设计的整体水平。

现代办公空间常见的家具有隔断、微机台、写字台、大班台、半封闭式工作间、卡片文档柜、书柜、接待台、排列式工作台、组合式工作台、会议桌、会议椅、沙发、茶几等。一方面,良好的办公家具应该符合 人体工程学的要求,使用方便,有助于提高工作效率;另一方面,办公家具还具有装饰办公空间的作用。办公家具的主要特点是体量大小各异、品种复杂多样、实用性强、外形美观、款式新颖、坚实耐用、工艺精细。在科技高度

图 2-5　办公空间的地面

发展的今天,绝大多数办公室都配备了计算机及各种专门的办公设备、服务设施。办公家具的款式和造型也往往独具特点,有一定的标示性和象征性。一般在办公家具选配时,就应该考虑到它们的款式、造型、功能等因素。不同的办公空间环境有不同的特点,而办公家具常常成为空间环境功能特点的主要体现者和构成因素。办公家具的选用和室内布置,直接影响到办公空间的工作环境和工作效率,办公空间的家具设计与选用应将创造合理的办公环境和提高工作效率作为首要原则,如图 2-6 所示。

图 2-6　办公空间室内设计的家具

9）办公空间室内设计的陈设

室内陈设在室内空间中常起到画龙点睛的作用,它能充分表达出业主的审美习惯与品位修养。在特定的位置安排恰当的陈设品是个性化、艺术化不可缺少的艺术化处理手段。为了能够很好地完成室内装饰的后期配置工作,设计师必须对陈设有专业的理解和较高的品位修养。

现代办公空间具有高效、灵活的特点,是处理行政事务和信息的场所,空间环境的舒适度对办公效率的提高有很大影响。办公空间的环境以简洁为主,主要的陈设品应是与办公有关的物品。为了不使办公环境显得单调,可通过一些手法的运用来丰富环境。其中最简单易行的就是布置一些陈设品,比如挂画、小型室内雕塑,也可以放置绿色植物和花卉,这样能给办公空间带来生气,对于调节身心、提高办公效率十分有益。

办公空间的陈设品布置,除了满足使用方便、有助于提高工作效率外,陈列的位置也应该恰当,不应该对工作产生妨碍,如图 2-7 所示。

10）办公空间室内设计的照明

在办公空间中,普通员工的办公空间所占比例通常最大,而且多为大中型的。办公家具根据需要经常变动,隔断也可以随时添加、移动或撤换,所以设计照明环节时,要考虑无论办公室内如何布置,总是能够适应工作台面照明的需要。

图 2-7　办公空间室内设计的陈设

　　在办公空间应有较高的照度,因为工作人员在此环境中多以文字性工作为主且时间较长,同时增加室内的照度及亮度也会给人以开敞的感觉,从而有助于提高工作效率。通常在读书之类的视觉工作中至少需要 500 lx 的照度,而在特殊情况下,为了进一步减少眼睛的疲劳,局部照度就需要 1 000～2 000 lx 的照度。

　　办公室一般在白天的使用率最高,从光源质量到节能都会大量采用自然光照明,因此,办公空间的人工照明要与自然采光相结合,创造出合理舒适的光环境。单独的自然采光会使窗口周围的照度较高,而远离窗口的环境缺乏理想的照度,在这些照度不足的地方就要补充照明。但是自然光不是稳定光源,随着时间的变化、气候的变化,自然光的质量也将发生变化,所以对于室内人工照明来说就要考虑可调节性。一般可采用分路照明和调光照明两种方式。分路照明是把室内人工照明分路串联成若干线路,根据不同情况通过分路开关控制室内人工照明,使办公室总体照明达到一定的平衡;调光照明是在室内人工照明系统中安装调光装置,通过这种设置对室内照明进行控制;也可以将两种方法综合在一起使用。

　　办公空间是进行视觉工作的场所,特别是要进行文字工作,所以注意眩光问题就尤其重要。一般在宽大的房间中,顶棚的光源易进入人的视线范围,从而产生眩光,所以要对顶部光源进行处理,可采用隔栅来对光源进行遮挡。另外,减少顶棚光源的亮度,针对工作台面及活动区域增设可移动的光源,对于局部进行照明,以增加局部所需的照度。减少桌面及周围环境中的反射眩光,在局部设置诸如台灯、落地灯、壁灯等位置较低的光源时,应该对灯光进行遮挡,避免光源暴露在视线范围内。

除一般照明外,最常见的就是台面上的局部照明。配有白炽灯泡的灯多用于装饰照明或气氛照明,而用于工作照明就不太理想,因为它在工作台面的布光不均匀,而且热辐射也较高。

对于装配荧光灯并紧贴办公桌的反射式灯具,灯具的安装位置应在离桌面 300～600 mm 之间。若有遮光灯罩设置高度低于 300 mm,则工作面内的照度分布不均匀,以至于周围物体会产生对比强烈的阴影;若设置高度高于 600 mm,阴影问题会减少,但看到光源的可能性会增大,会降低照明的效率。

会议室的家具布置没有办公室那样复杂,使用功能也相对简单。所以对于照明设计来说,主要问题是使会议桌上的照度要达到标准,并且照度均匀。但对于整个会议室空间来说,不一定要求照度均匀,相反,会议桌以外的周边环境创造一定的气氛照明,会产生更理想的效果。展板、黑板、投影屏幕、陈列品的照明须要在设计时特别注意,如图 2-8 所示。

图 2-8　办公空间室内设计的照明

11）进度要求

第1~4学时,完成基本模型学习;第5~8学时,完成材质设置学习;第9~12学时,完成灯光设置学习;第13~14学时,渲染输出学习;第15~16学时,后期处理学习。

2. 设计表现过程

1）提出问题

设计是一个提出问题和解决问题的过程。拿到这个设计任务书之后,要提出下列问题。

(1)这个会议室将来的使用者是谁? 公司人员和客户的数量是多少? 工作人员的年龄结构和文化层次如何?

(2)会议室的工作用途是什么?

(3)甲方对于办公方式、空间使用和环境形象有什么具体要求?

(4)建筑坐落在什么地方? 现场与周边的环境如何?

(5)企业的CI设计怎样? 在室内设计中如何体现企业形象?

(6)项目资金投入多少?

对以上问题的充分回答将有助于设计思考,有助于合理、有效、系统地开展后续设计工作。

2）确定空间设计目标

办公室室内设计的目标是为工作人员创造一个舒适、方便、安全、高效、快乐的工作环境。其中:"舒适"涉及建筑声学、光学、热工学、环境心理学、人体工程学等学科的内容;"方便"涉及空间流线分析、人体工程学的内容;"安全"涉及消防、构造等方面的内容。办公室的设计要顾及公司所有员工的审美需要和功能要求。

3）根据工作特性进行各个功能区的划分

办公室各个功能区有各自的特点,如财务室应注重防盗、经理室对私密性要求较强、办公室要求高效实用。因此,在设计中可以将:经理室和财务室设计成易于相互沟通的封闭空间;员工工作区做成开放式区域且与休闲室相连,便于员工工作之余的休息;洽谈区靠近门厅和会客区等。

4）空间流线组织

室内空间流线应该顺而不乱。所谓"顺",是指导向明确、通道空间充足、区域布局合理。在设计过程中,可以通过草图的方式,对室内流线进行分析,模拟内部员工与外来客户在室内的行走路线,看看是否有交叉,是否顺畅。

5）空间深化设计

综合考虑平面布局的各项要素之后,基本确定空间规划的初步方案。然后进一步深化,这个阶段要仔细推敲空间规划,特别要考虑好空间流线的问题,准确计算空间区域的面积,确定空间分隔的尺度和形式。之后就是考虑各功能分区的家具和设备的平面布局,同时考虑地面的具体处理。

接下来,再根据空间功能分区的平面布置进行相应的顶面设计。顶面设计的重点是结合中央空调、消防喷淋的设计,布置各种类型的灯具。设备管道布置和布光设计有很强的技术规范,会限制天花板的形式,要将这些限制条件转化为可利用的因素,通过造型的变化来解决相关的技术问题。办公室灯光设计要注意以下事项。

（1）办公室的工作照明对照度要求比较高，应该符合相应的国家标准。

（2）办公室工作区的照明常用格栅荧光灯，以获得较均匀的照明。

（3）尽量采用人工照明与天然采光结合的照明设计。

（4）视觉作业的邻近表面及室内装饰材料宜采用无光泽或低光泽的装饰材料，以防眩光的产生。

（5）办公室的全面照明适宜布置在工作区的两侧，不宜将灯具布置在工作区的正前方。

（6）在难以确定工作位置时，可以选用发光面积大、亮度低的双向蝙蝠翼式配光灯具。

（7）需要使用计算机的办公室，应避免在屏幕上出现人与物(灯具、家具和窗户)的映象。

（8）会议室的照明以照亮会议桌为主，以创造一种中心和集中的感觉。

完成空间平面布局和天花板设计后，可进入空间立面的设计。办公室要重点表现的立面是门厅的主立面、接待室、会议室和管理层办公室。平面、顶面与立面设计不是完全分割的，应该有整体设计的概念。进行平面规划时，头脑中应该已想好具体的空间分隔方式、界面形态、顶面造型与照明效果。所以，在做完立面设计以后，应当勾勒出空间的透视草图，将立面、顶面和家具都表现出来。若这些不协调，就不断调整方案，直至达到和谐的效果为止。

二、实例——小型会议室室内设计表现

会议室，顾名思义就是开会的场所。现在，会议室设计也成了办公空间设计中比较重要的部分。在会议室可以"碰撞"出绝好的创意，独具匠心的设计或许会成为此创意的背景。当然，会议室还是商谈、形成协议的正式场所。

本例中创建的会议室以冷灰色调为主基调，并大胆采用色彩的对比。在细节设计上融入了企业文化及精致的陈设品。本项目还采用了大面积玻璃窗的设计，以增加员工对企业的信心和自豪感。

任务一
创建小型会议室室内主体结构

（1）打开 3ds Max 软件，在菜单"Customize"（自定义）—"Units Setup"（单位设置），将"Display Unit Scale"（显示单位）和"System Unit Setup"（系统单位）设置为"Millimeters"（毫米）。

（2）选择菜单栏中的"File"（文件）—"Import"（输入）命令，在弹出的"Select File to Import"（选择要输入的文件）对话框中选择光盘—案例—项目二中的会议室平面图". dwg"文件，并在 TOP 视图中输入，设置如图 2-9 所示。

（3）把墙体(立面 A)用同样的方法输入，然后点击按钮 ↻，在该按钮上单击鼠标右键并输入数值，进行旋转，在 Front 视图中沿 X 轴旋转 90 °，如图 2-10 所示。

（4）使用相同的方法将立面 B、立面 C 和立面 D 分别进行输入并且旋转，旋转结果如图 2-11 所示。

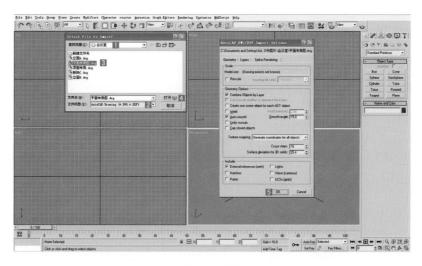

图 2-9　设置

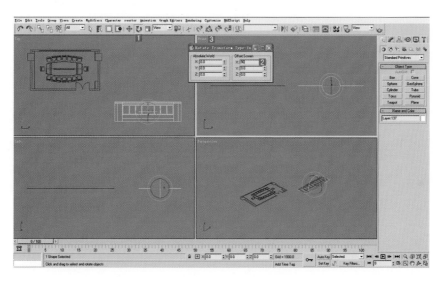

图 2-10　旋转

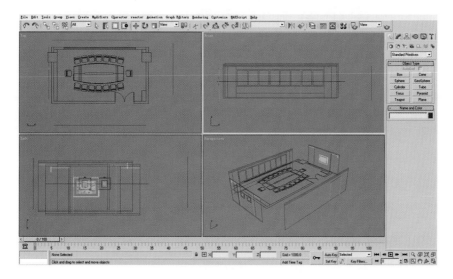

图 2-11　旋转结果

(5)单击捕捉按钮 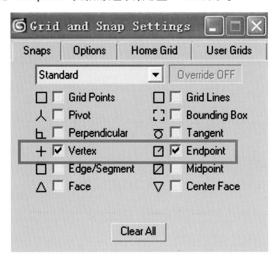，并在该按钮上单击鼠标右键，在弹出的"Grid and Snap Settings"（栅格和捕捉设置）对话框中启用"Vertex"（顶点）和"Endpoint"（端点）选项，如图 2-12 所示。

图 2-12　Grid and Snap Settings 对话框

(6)激活 Perspective 视图，按"Alt＋W"键，将 Perspective 视图最大化显示。单击 ✛ 按钮，捕捉墙面 A 图形的顶点，然后按住鼠标左键移动立面 A，使其与会议室平面图的边界相交，如图 2-13 所示。

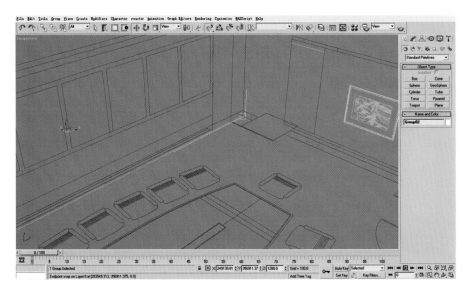

图 2-13　激活 Perspective 视图

(7)使用相同的方法将立面 B、立面 C 和立面 D 窗三种图形分别与地面图形的边界相交，如图 2-14 所示。

(8)选中立面 A、立面 B、立面 C 和立面 D 窗，在视图中右键点击 Hide Selection 隐藏，选择会议室平面并在视图中右键点击 Freeze Selection 冻结，如图 2-15 所示。

(9)右击工具栏中的 按钮，在弹出的对话框中仅勾选"Snaps"（捕捉）选项下的"Vertex"（顶点），Options 选项下的 ☑ Snap to frozen objects （捕捉冻结物体）选项，关闭对话框。应用捕捉顶点的方式来重描会议室的平面线，这样既快速又准确，线条的起点与终点相遇时会有对话框弹出，此时一定要单击 是(Y) 按钮，使线条成为闭合的曲线，如图 2-16 所示。

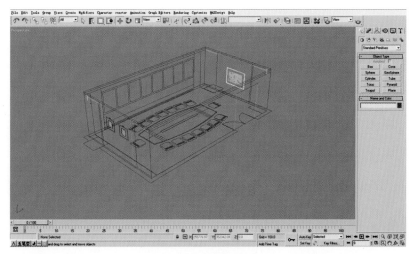

图 2-14　图形的边界相交

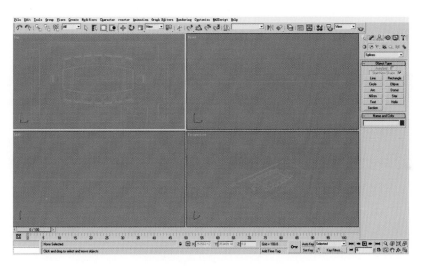

图 2-15　隐藏与冻结

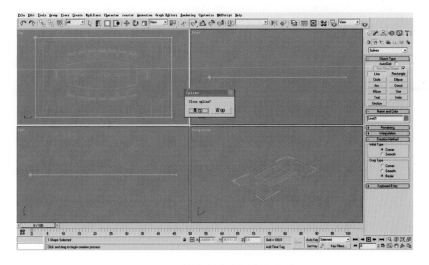

图 2-16　使线条成为闭合的曲线

(10)单击修改面板中的 Extrude 按钮,将绘制曲线挤出一个-100 mm 的厚度值,如图 2-17 所示。

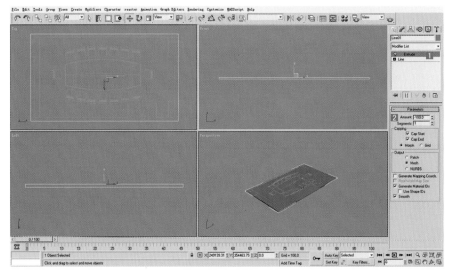

图 2-17　厚度值

(11)在视图中右键点击 Unhide All 显示全部物体,如图 2-18 所示。

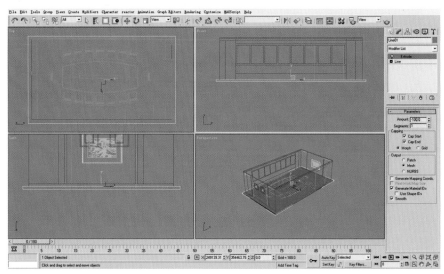

图 2-18　显示全部物体

(12)在"Select Objects"(选择对象)对话框中选择立面 A 图形,在视图中右键点击 Hide Unselected 隐藏没有选择的物体,右键点击 Freeze Selection 冻结立面 A,如图 2-19 所示。

(13)右击工具栏中的 按钮,在弹出的对话框中勾选"Snaps"(捕捉)选项下的"Vertex"(顶点),Options 选项下的 ☑ Snap to frozen objects (捕捉冻结物体)选项,用二维曲线重描立面 A,在绘制窗户区域时把 Start New Shape 的勾选取消,使绘制的线条成为一个整体,单击 Extrude 按钮,然后设置挤压值为-240 mm,如图 2-20 所示。

(14)点击开启工具栏中的捕捉工具 ,用二维样条线重描立面 A 中的窗框和玻璃区域,在绘制窗框和玻璃区域时把 Start New Shape (新样条线)的勾选取消,单击修改面板下的挤出命令 Extrude,然后设置挤压值为-80 mm,如图 2-21 所示。

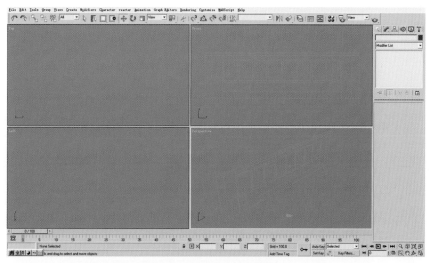

图 2-19　选择并处理图形

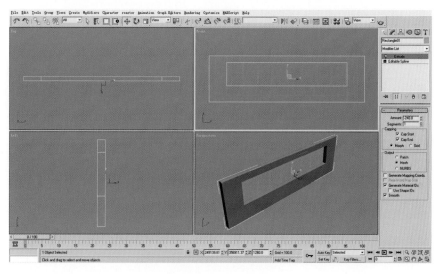

图 2-20　设置挤压值

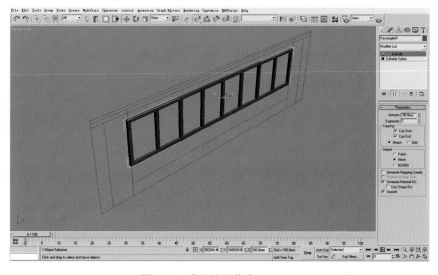

图 2-21　设置挤压值为−80 mm

(15)用和绘制窗框同样的方法绘制窗户玻璃,挤出厚度-10 mm,把玻璃和窗框位置调整合适,如图2-22所示。

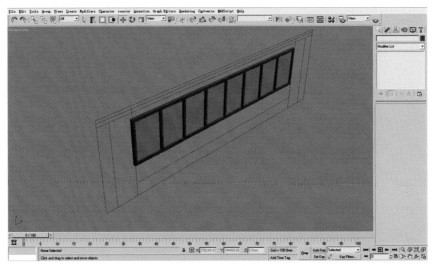

图2-22　调整合适

(16)依照以上的方法,选择立面B、立面C和立面D三种图形,分别设置挤压值为-240 mm、240 mm、240 mm,如图2-23所示。

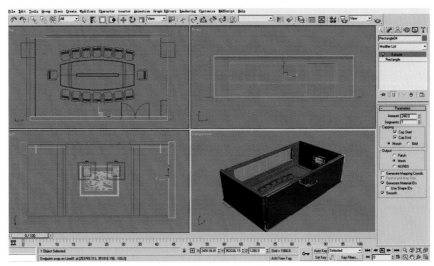

图2-23　设置不同的挤压值

(17)在Top视图中选择立面B的装饰柱图形,绘制二维图形,单击　**Extrude**　按钮,然后设置挤压值均为-2 560 mm,如图2-24所示。

(18)在Top视图中选择立面C的装饰柱图形,绘制二维图形,单击　**Extrude**　按钮,然后设置挤压值为-329、-249 mm,如图2-25所示。

(19)保存文件,选择菜单栏中的"File"(文件)—"Import"(输入)命令,在TOP视图中输入顶面布局图,再来绘制顶面1、顶面2和顶面3三种图形的厚度值,分别为100、50和80 mm。然后利用 工具,将顶面1、顶面2和顶面3按顺序移动,对齐排好,如图2-26所示。

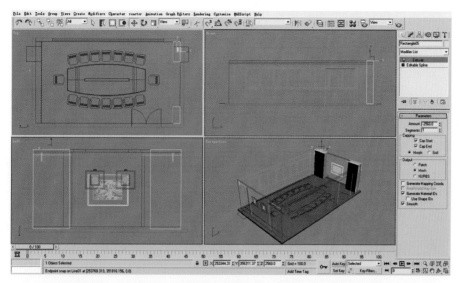

图 2-24　设置挤压值均为-2 560 mm

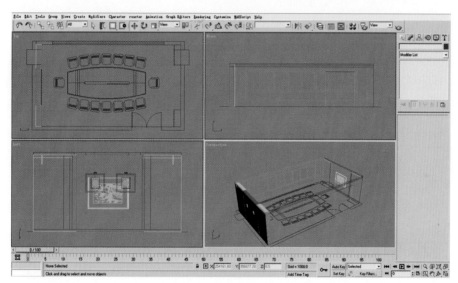

图 2-25　设置挤压值为-329、-249 mm

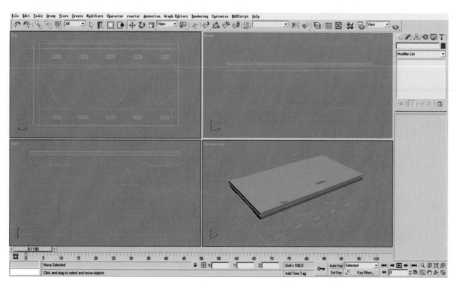

图 2-26　将文件对齐排好

(20)为了便于移动天花对象,下面将两个天花对象组合在一起。选择菜单栏中的"Group"(聚集)—"Group"(聚集)命令,将会弹出"Group"(聚集)对话框,在对话框中将聚集的名称命名为天花板。

(21)两个天花对象已经聚集在一起,操作起来非常方便。下面利用工具，将聚集以后的天花板对象移到如图2-27所示的位置上。此操作可利用捕捉工具来帮忙,这样能保证位置的精确性。

(22)会议室的主体空间就制作完成了。

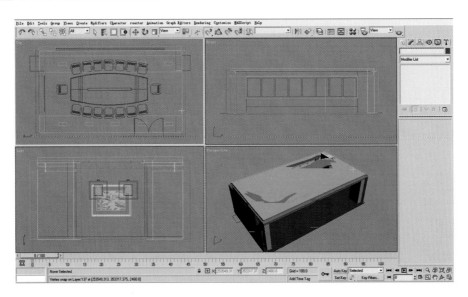

图2-27　将对象移到指定位置

任务二
小型会议室室内空间材质设置和赋予

(1)为会议室的主体空间赋材质。按M键,在弹出的"Material Editor"(材质编辑器)面板中选择一个未用示例球。调整墙面材质(亚光白色乳胶漆),参数如图2-28所示。然后将此材质赋予立面A、立面B、立面D和天花板对象。

(2)选择一个未用示例球,调整墙面C的材质。将此材质的名称更改为艺术壁纸,单击"Maps"(贴图)卷展栏中"Diffuse"(漫反射)右侧的　None　按钮,在弹出的"Material—Map Browser"(材质—贴图浏览器)中选择 Bitmap (位图),然后双击。在"Select Bitmap Image File"(选择位图图像文件)对话框中选择贴图—项目二—壁纸.jpg文件,然后双击。最后赋予立面C对象,参数如图2-29所示。

(3)选择一个未用示例球,调整地面的材质。将此材质的名称更改为地面地毯,单击"Maps"(贴图)卷展栏中"Diffuse"(漫反射)右侧的　None　按钮,在弹出的"Material—Map Browser"(材质—贴图浏览器)中选择 Bitmap (位图),双击。在"Select Bitmap Image File"(选择位图图像文件)对话框中选择贴图—项目二—地毯.jpg文件,然后双击。最后赋予地面对象,参数如图2-30所示。

图 2-28　参数 1

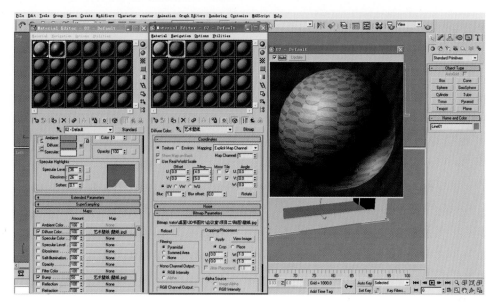

图 2-29　参数 2

（4）单击创建 按钮下的摄像机 按钮，单击目标摄像机 Target 按钮，在 Top 视图中创建一部摄像机，并在 Front 视图中调整高度位置，完成空间视角的设置，如图 2-31 所示。

（5）按"Ctrl＋S"键，在弹出的"Save File As"（文件另存为）对话框中将该场景命名为会议室主体空间，保存在作品文件夹的项目二中。

现在，会议室的主体空间材质就设置完成了。由于该空间中的对象数量比较少，所以赋予材质的时间也相对较短。总之，无论设置材质的时间是长还是短，目的都是为最终效果服务。所以，可以去大胆尝试，很多时候无意间的反复设置，会得到意想不到的结果。

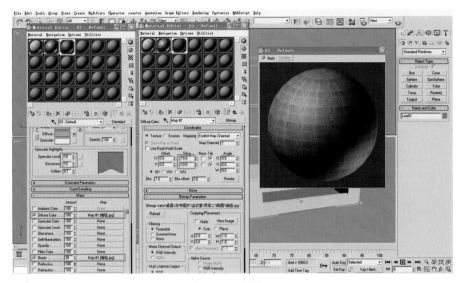

图 2-30　参数 3

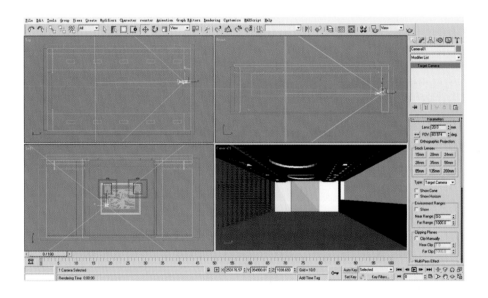

图 2-31　参数 4

任务三
完善小型会议室室内空间

(1)在菜单 File(文件)—Merge(置入)会议室会议桌(模块—项目二—会议桌)。

(2)设置会议桌桌面和金属桌脚材质,参数如图 2-32 所示。

(3)在菜单 File(文件)—Merge(置入)会议室办公椅(模块—项目二—办公椅)。

(4)设置办公椅布纹、金属脚和橡胶垫材质,参数如图 2-33 所示。

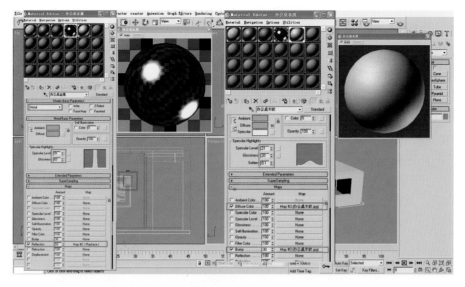

图 2-32　参数 5

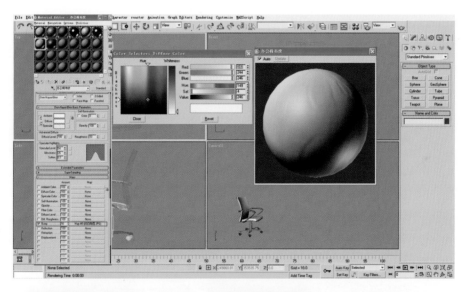

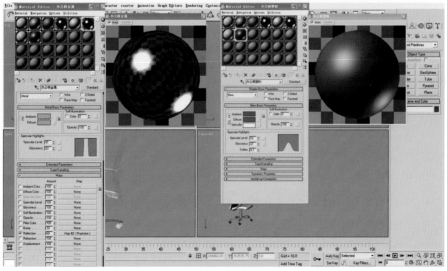

图 2-33　参数 6

（5）把会议桌和办公椅按比例角度排列整齐,如图 2-34 所示。

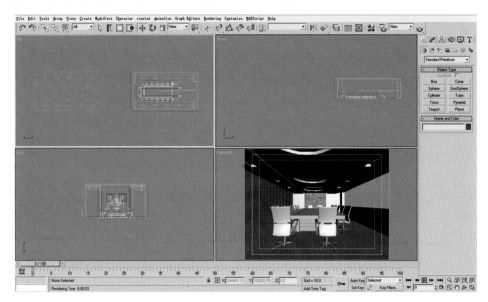

图 2-34　按比例角度排列整齐

（6）分别在菜单 File(文件)—Merge(置入)装饰画、筒灯、窗户、窗帘,完善整个会议室场景,如图 2-35 所示。

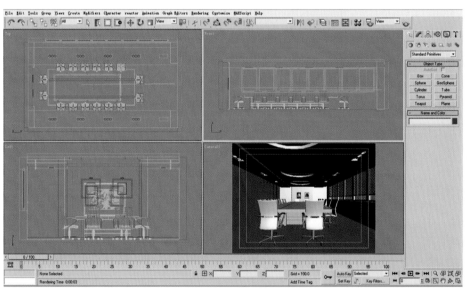

图 2-35　完善整个会议室场景

任务四
创建小型会议室室内空间灯光

（1）在本例中,将主要运用灯光模拟自然光和人工光进行照明,灯光由泛光灯和 Vray 片面灯光组成。在会议室空间窗户外创建 Vray 片面灯光,用于模拟自然天光的发光效果,其设置的参数和位置如图 2-36

所示。

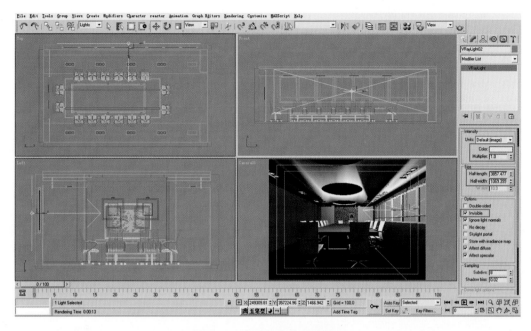

图 2-36   设置的参数和位置 1

(2)在 Top 视图中创建 Vray 片面灯光,在 Front 和 Left 视图中这一盏灯光主要用于模拟室内灯光的整体发光效果,其设置的参数和位置如图 2-37 所示。

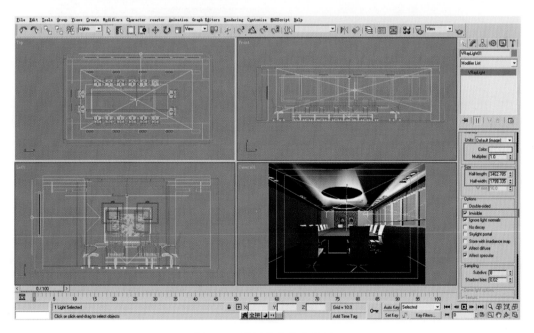

图 2-37   设置的参数和位置 2

(3)为会议室天花设置灯槽灯光。在 Top 视图中创建一泛光灯,在 Front 和 Left 视图中调整到合适位置,并进行关联复制,平均排布在圆形吊顶四周,其设置的参数和位置如图 2-38 所示。

(4)为会议室设置一太阳光。在 Top 视图中创建一目标平行灯,在 Front 和 Left 视图中调整到合适位置,其设置的参数和位置如图 2-39 所示。

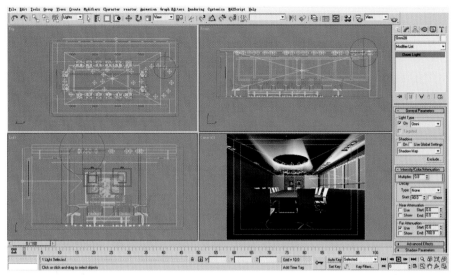

图 2-38　设置的参数和位置 3

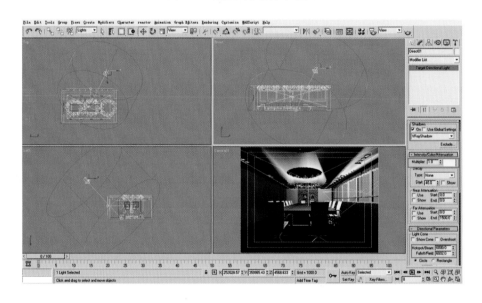

图 2-39　设置的参数和位置 4

任务五

小型会议室室内空间渲染设置和输出

(1)在所有的灯光对象创建完成以后,按 F10,在弹出的"Render Scenei"(渲染场景)对话框中选择"Commom"(常规)选项卡。在 **Assign Renderer** 卷展栏中,选择"Production"(选择渲染器)选项,选择 **V-Ray Adv 1.5 RC2** Vray 渲染器。

(2)设置草图渲染。草图渲染便于观察材质及灯光关系是否合理、准确。分别对在 Commom(常规)面板、Global switches(全局设置)面板、Image sampler(Antianliansing)(图像采样器(抗锯齿))面板、Indirect illumination(GI)(间接照明(GI))面板、Irradiance map(光子贴图)面板、Light cashe(灯光缓存)面板、Color mapping(色彩映射)面板进行调整。其设置的参数如图 2-40 所示。

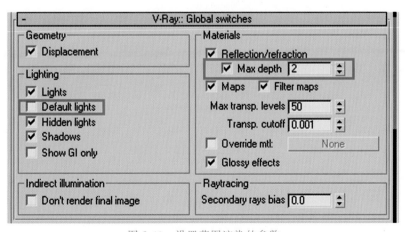

图 2-40　设置草图渲染的参数

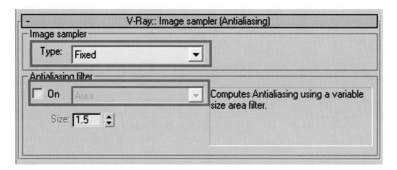

续图 2-40

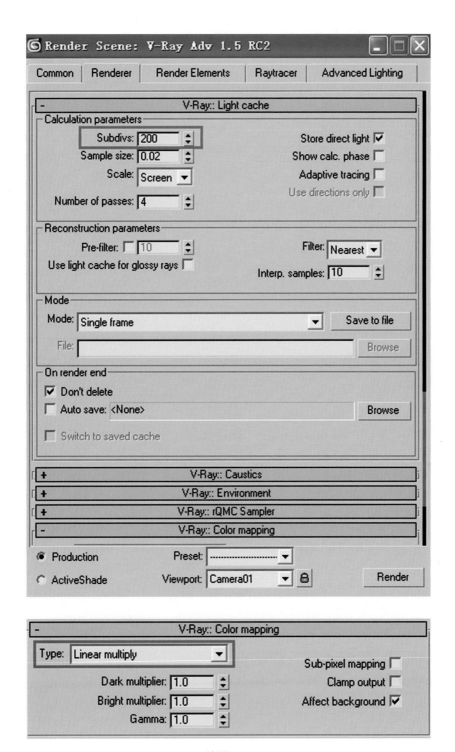

续图 2-40

　　(3)调整完灯光和材质后,渲染光子图。光子图是为了最后的渲染大图作准备的,渲染最终大图可以用光子图的尺寸放大不超出 5 倍来输出。光子图设置参数如图 2-41 所示。

　　(4)渲染最终大图,设置输出尺寸用光子图的尺寸的 5 倍。图片采样类型和抗锯齿类型的参数如图 2-42 所示。

（5）选择菜单栏中的"File"（文件）—"Save"（保存）命令，将该场景保存在作品文件夹的项目二中。最后设置渲染尺寸，以便得到更高品质的效果图。同时进行输出保存设置，命名为会议室渲染图，文件格式为.tga。

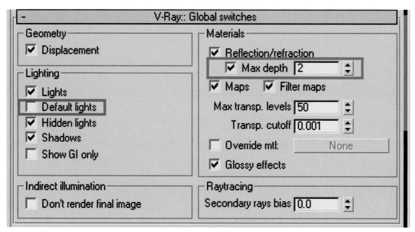

图 2-41　光子图设置参数

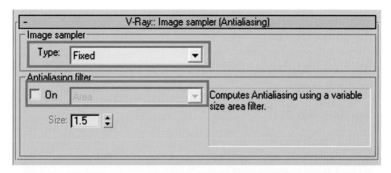

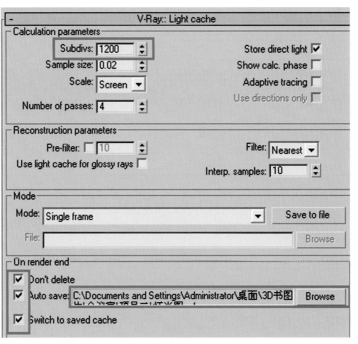

续图 2-41

图 2-42　最终大图参数

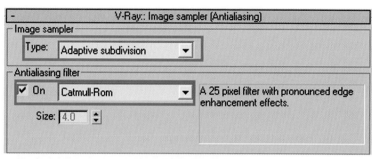

续图 2-42

（6）选择菜单栏中的"File"（文件）—"Save As"（另存为）命令，将该场景保存在作品文件夹的项目二中，命名为会议室通道图。

（7）在菜单 **MAXScript**（MAXS 脚本）下点击 **Run Script...**（运行脚本），弹出面板（项目二—本强强）脚本，步骤如图 2-43 所示。

（8）打开材质编辑器，所有使用材质球都变成色块显示，按如图 2-44 所示选择。

（9）把场景中所有灯光关闭使用，在 **General Parameters** 面板下"On"去除勾选，关闭使用，如图 2-45 所示。

（10）渲染通道图，命名为会议室通道图，文件格式为.tga。

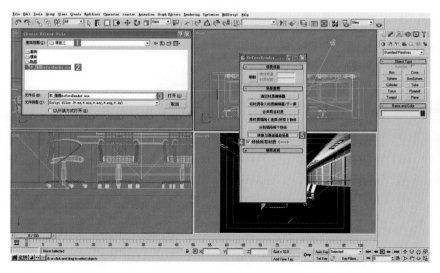

图 2-43　步骤　　　　　　　　　　　　　　　　　　图 2-44　具体选择

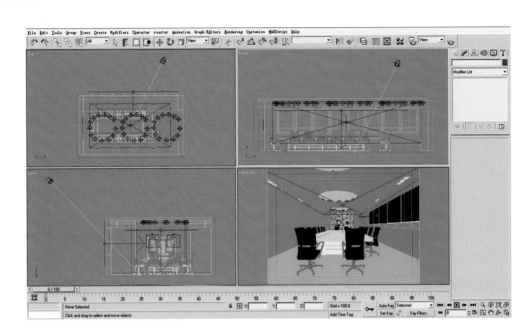

图 2-45 灯光关闭使用

任务六
小型会议室室内空间后期效果调整

(1)启动 Photoshop 软件,按"Ctrl+O"键,在弹出的(打开)对话框中选择会议室渲染图和会议室通道图. tga 两种图像文件并将其打开,如图 2-46 所示。

图 2-46 打开图像文件

图 2-47　关闭会议室通道图

（2）按"Ctrl＋A"键全选会议室通道图，按"Ctrl＋C"键拷贝会议室通道图，在会议室渲染图上按"Ctrl＋V"键粘贴，把会议室通道图复制到会议室渲染图上，关闭会议室通道图，如图 2-47 所示。

（3）复制背景图层，点击 👁 按钮，关闭背景图层显示，如图 2-48 所示。

（4）单击 ✄ （裁切工具）按钮，在打开的效果图画面中创建一个如图 2-49 所示的裁切框，这样可以保证画面构图的完美性。

（5）在建立的裁切框中双击鼠标左键，确定裁切的范围。

（6）选择会议室通道图层，单击 ※ 魔棒工具，在画面中点击墙体的色块，如图 2-50 所示。

（7）切换到会议室渲染图图层，对画面的亮度进行调整，选择菜单栏中的"图像—调整—曲线"命令（或按"Ctrl＋M"键），在弹出的如图 2-51 所示的曲线对话框中进行设置。

（8）用同样的方法把地面、办公椅子进行曲线调整，如图 2-52 所示。

（9）对画面的色彩进行校正，更改图像的总体颜色混合程度。选择菜单栏中的"图像—调整—色彩平衡"命令（或按"Ctrl＋B"键），在弹出的如图 2-53 所示的色彩平衡对话框中进行设置。

（10）现在，画面的整体色调已得到很好的改善，但是画面的清晰度还是不够。选择菜单栏中的"滤镜—锐化—USM 锐化"命令，将该画面进行锐化设置，如图 2-54 所示。

图 2-48　关闭背景层显示

图 2-49　创建裁切框

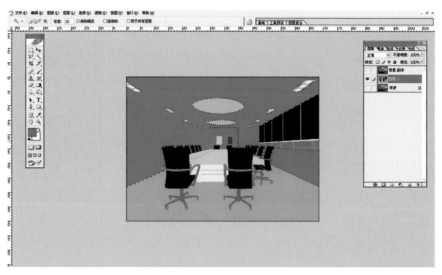

图 2-50　点击墙体色块

图 2-51　在曲线对话框中设置

图 2-52　曲线调整

图 2-53　色彩平衡对话框

图 2-54　锐化设置

（11）按"Ctrl＋O"键,在弹出的(打开)对话框中选择植物.psd文件并将其打开。可以在随书所附的光盘(图库—项目二)中找到该文件。

（12）单击 （移动工具）按钮,将打开的画面上的植物移动复制到会议室效果图中,按"Ctrl＋T"键(变换),调整大小,用鼠标右键点击 水平翻转 把植物图进行翻转,如图2-55所示。

图 2-55　翻转

（13）对植物画面的亮度色彩进行校正,更改图像的总体颜色混合程度。选择菜单栏中的"图像—调整—曲线"命令(或按"Ctrl＋M"键)、"图像—调整—色彩平衡"命令(或按"Ctrl＋B"键)进行调整,效果如图2-56所示。

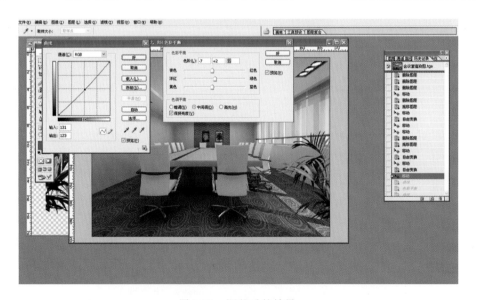

图 2-56　调整后的效果

（14）在图层面板的图层选项菜单列表中选择合并可见图层选项,合并图层。选择菜单栏中的"滤镜—滤镜库"命令,将该画面进行扩散亮光设置,以增加画面的光感,而且还会使画面更细腻,如图2-57所示。

（15）对画面的对比度进行校正,更改图像的总体黑白对比关系。选择菜单栏中的"图像—调整—亮度/对比度"命令,在弹出的如图2-58所示的亮度/对比度对话框中进行设置。

图 2-57　对画面进行设置

图 2-58　亮度/对比度对话框

（16）按"Shift＋Ctrl＋S"键，在弹出的存储为对话框中将该图像文件命名为会议室效果. jpg 并保存在作品文件夹的项目二中。最终效果图如图 2-59 所示。

图 2-59　最终效果图

> **小结**

　　本项目主要介绍了会议室效果图的制作方法。通过学习该效果图的制作,可以了解到人造光和自然光在室内空间中的布光思路,标准灯光和Vray灯光相结合的布光方法,利用人造光和自然光营造清新明朗的室内办公空间效果。

Max Shinei Sheji Xiaoguotu Shixun

项目三
餐饮空间室内设计表现

一、餐饮空间室内设计表现基础

1. 设计表现任务书

1)设计课题——餐饮空间室内设计表现

通过本案的设计,掌握餐饮空间室内设计的基本方法,优化以往所学的专业技术结构,开阔思路,强化技术与艺术的综合设计能力。

2)设计理念

创造吸引顾客、促进消费、格调独特良好的室内就餐环境。

3)设计条件

(1)提供详细平面图设计方案。

(2)提供详细立面图设计方案。

(3)提供详细顶面图设计方案。

4)效果图表达

(1)空间模型设计。

(2)材质表达。

(3)灯光表达。

(4)渲染输出。

(5)后期处理。

5)餐饮空间室内设计的依据与要求

当今,物质生活空前丰富,现代生活极大地增加了人们对于饮食文化的需求,现代人有着空前博大的包容性,愿意尝试各种生活习俗、各种审美主题、各种空间形式的就餐方式,这便给设计师提出了相应的设计要求。

餐饮空间主要由餐饮区、厨房区、卫生设备区、衣帽间、门厅或休息前厅构成,这些功能区构成了完整的餐饮功能空间。

餐饮空间的设计丰富多彩,因此可作为参考的依据也较多。限于篇幅,在这里只简单列举部分常规的依据,具体如下。

(1)餐厅的面积一般以 1.85 平方米/座计算。面积过小会造成拥挤;面积过大易浪费工作人员的劳作活动时间和精力。

(2)顾客就餐活动路线和供应路线应避免交叉。送饭菜和收碗碟的出入处也应分开。

(3)中、西餐饮空间或不同地区的餐饮空间应该有相应的设计风格。

(4)餐饮空间中应该有足够的绿化布置空间,利用绿化分隔空间。空间大小应该多样化,有利于保持不同餐区、餐位之间的相对私密性。

(5)室内色彩应明净、典雅,使人处于从容不迫、舒适宁静的状态和保持愉快的心境,以增进食欲,并为餐饮创造良好的环境。

(6)选择美观、耐污、耐磨、防滑、防火、便于加工、施工快捷和易于清洁的材料作为室内装饰材料。

(7)室内空间应有宜人的尺度,良好的通风、采光,并考虑吸声的要求。

(8)餐桌的形式应该多样化,如2人桌、4人桌、6人桌、8人桌、包间等。餐桌和通道的布置数据如下。

服务通道为990 mm;桌子最小宽为700 mm;4人用方桌最小尺寸为900 mm×900 mm;4人用长方桌最小尺寸为1 200 mm×750 mm;6人用长方桌最小尺寸为1 800 mm×750 mm;8人用长方桌最小尺寸为2 300 mm×750 mm。

宴会用的餐椅高440~450 mm,餐桌高720 mm,桌面尺寸为600 mm×1 140 mm或600 mm×1 220 mm;1人圆桌的最小直径为750 mm;2人圆桌的最小直径为850 mm;4人圆桌的最小直径为1 050 mm;6人圆桌的最小直径为1 200 mm;8人圆桌的最小直径为1 500 mm。

餐桌的布置应考虑布桌的形式美和中、西方的不同习惯。中餐厅常按桌位多少采取品字形、梅花形、方形、菱形、六角形等形式;西餐厅常采用长方形、T形、U形、E形、口字形等形式。自助餐的食品台常采用V形、S形、C形和椭圆形等形式。餐桌的布置如图3-1所示。

图3-1　餐桌的布置

餐饮空间室内设计的主要要求如下。

(1)餐饮空间的室内空间组织在合理的基础上可以适当地根据各种客观条件力求创新。餐饮空间已经不单是常规意义上的吃饱喝足的地方了,餐饮文化需要有文化的餐饮空间来匹配。当满足了基本的功能要求后,餐饮空间同时也可以是社交舞台、休闲场所和聚会场所等。餐饮空间的设计没有定法,从空间组合、技术、材料、色彩、声效、光影等各种角度都可以进行设计创新。

(2)餐饮空间的照明在保证基本的视觉照明的前提下,还可以用来强调空间的艺术性、舒适性和导向性。

(3)餐饮空间从餐饮类型、风格式样、风俗习惯、营业面积等多角度而言,都具有丰富多样的特点。其空间构成和界面处理因此具有丰富多彩的要求,光色和材质的配置因具体空间有具体的变化,灵活性、艺术性、风格化、个性化、时尚性、标示性等方面的要求较高。餐饮空间中,装修材料和设备设施的选择要尽量适用、美观、经济、加工方便省时、最终效果有一定特性,相应地必须采用合理的装修构造和技术措施来进行配合。

(4)餐饮空间中,设计师应该充分认识到不同就餐习惯与人体尺度的联系。特殊人群的就餐方式也必须得到考虑,例如,老年人、婴幼儿、行动不便的残疾人等在就餐时会有同一般消费者不一样的要求。设计师应该目标明确地基于人体工学从交通路线、家具配置、装饰用材、光色导向等方面关注特殊与一般的差别。

(5)餐饮空间属于公共空间,其设计必须严格遵守安全疏散、防火、卫生、防污染等设计规范,遵守与设计任务相适应的有关定额标准。餐饮空间设计的社会、道德因素也越来越受到人们的重视。比如:设计时应该从烹饪、装饰用材、装饰语言、VI 系统等各个角度,充分尊重不同民族的独特的餐饮习惯和要求;油烟排放、污水排放等应该注意在达标的基础上避免扰民等。

(6)餐饮空间的设计应考虑室内环境的节能、节材、节省室内空间。随着社会的快速发展,人们的生活节奏也日趋紧张,餐饮空间为迎合消费者的多变口味与就餐方式,其更新周期越来越短暂,以最低成本赚取最大盈利是餐饮经营者的奋斗目标,在室内设计中体现节约精神符合这一要求。事实上,在品牌林立的餐饮行业,要使餐饮空间给消费者留下美好的印象,优秀的设计方案决不是盲目堆砌各种名贵饰材,收放有度、主次分明、繁简得当才是科学选择。符合环保要求的、较低造价的装饰材料的恰当应用通常能营造出具有个性特色、良好整体氛围的餐饮空间,如图 3-2 所示。

图 3-2　餐饮空间设计

6)餐饮空间室内色彩设计

餐饮空间环境不能为使用材料而使用材料,应该将其提高到为表现环境主题这一层次,在空间组合构图中将冰冷的材料转化成为与人们交流的一部分。材料在空间组合中主要通过其质感和颜色的表现来塑造餐饮空间环境主题。

在质感方面,通过木、石、玻璃、金属等质感的材料贯穿、强调整个空间,形成餐饮空间的环境主题。在色彩方面,餐饮空间环境在满足色彩搭配一般原则的基础上,考虑颜色及颜色的对比给人的心理感觉。人们对不同的色彩表现出不同的好恶,这种心理反应常常是生活经验、利害关系及由色彩引起的联想造成的。此外,这种反应也与人的年龄、性格、素养、民族和习惯分不开。暖色调的色彩,例如,红色系列、黄色系列等给人以有生气、活跃、温暖、兴奋、希望、发展等的感觉,应该较多地应用于餐饮空间的设计中。通过色彩可以强调或削弱不同空间的大小和某些效果。比如:在同样一个较小的餐厅雅间空间中,可以使用明亮光鲜的米黄色乳胶漆涂饰各墙面,以从视觉上增大该空间;也可以使用端庄深沉的深褐色暗花壁纸贴饰各墙面,以从视觉上强调该空间的私密性和雅静感。

在室内设计中,以一个色相作为整个室内色彩的主调,称为单色调。较小的餐饮空间多采用单色调的颜色搭配,可以取得宁静、安详的效果。采用单色调色彩方案的空间的界面具有良好的背景感,可为家具、陈设提供较好的烘托。在采用单色调色彩方案的空间中应该注意通过明度、彩度的变化,加强对比,也可以适当地借助不同质地、图案、形状来丰富空间,合理添加黑色和白色是必要的调剂手段。

相似色调是最容易把握、运用的一种色彩方案。该方案只采用两三种在色环上互相接近的颜色,容易达到和谐、宁静、清新的感觉,比如黄色、橙色、橙红色等,颜色因在明度和彩度上的变化而变得丰富。如果结合无彩体系,更能加强其明度和彩度的表现力。餐饮空间常应用这种色彩方案,丰富的空间造型结合温和协调的色彩,便于营造温馨的就餐氛围。

互补色调又称为对比色调,是运用色环上的相对位置的色彩,例如,红与绿、黄与紫、青与橙等,其中一个为原色,另一个为二次色。对比色使室内空间生动鲜亮,可以尽快地引发受众的注意与兴趣。在采用对比调色彩方案的空间中,应该注意使其中一色占支配地位,分清主次,便于控制,具体可采用减低次要色彩的明度、彩度、面积等手法使其作陪衬。快餐厅、酒吧之类的餐饮空间多采用对比色调,能够在短时间内给人留下深刻的印象。除此之外,餐饮空间中还常采用三色对比色调、无彩色调等色调分类的设计手法,如图3-3所示。

图 3-3　餐饮空间室内色彩设计

7)餐饮空间室内设计的界面处理

空间概念作为一种反映空间独有属性的思维形式,是人们在长期的生活实践中,从对空间的许多属性中抽出特有属性概括而成的。

人类除了认识空间,还要创造空间。因为自古以来,人类不只是为了感知空间、存在于空间、思考空间,在空间中发生行为,而且还要为空间打上人类意识的烙印,创造空间。空间有时被分划为成几种概念:实用空间、知觉空间、存在空间、认识空间、理论空间和创造空间。创造空间又称为表现空间或艺术空间。

餐饮空间不仅取决于地段位置、品种口味和服务质量以及经营管理方式等因素,而且在很大程度上取决于其所营造的空间环境。顾客在品尝美味的同时也感受着环境的氛围,将饮食文化和环境氛围融为一体,形成独特的餐饮文化。

　　餐饮空间的顶棚设计包括吊顶与灯具布置两部分。餐饮空间的顶棚与其他空间的顶棚相比较,在灵活性、艺术性、功能性方面更为丰富。根据不同功能、风格的餐厅要求,顶棚可做各种形式的吊顶,如穹顶、藻井、拱券、多层级立体顶棚等,顶棚的风格对于空间风格的形成有非常重要的作用。木龙骨、轻钢龙骨、各种型钢、纸面石膏板、大芯板、高密度板是常见的顶棚隐藏工程用材。乳胶漆、油漆、壁纸、装饰木夹板、塑铝板、微孔铝板、PVC板材、玻璃镜面、织物等是常见的顶棚饰面材料。顶棚的灯具一般选用吊灯、吸顶灯、射灯和筒灯等。为了营造气氛,在餐饮空间里还经常配置暗藏的辅助光源、露明的装饰光源等。灯具的选配要基于空间设计的整体意识,灯具的材质、造型、大小等都要考虑与所处环境的协调。餐饮空间的顶棚应该质轻、防火,并有一定的光反射和吸声的作用。餐饮空间的顶棚高度一般不低于 2 750 mm。

　　餐饮空间的立向界面是限定、美化空间的基本部件。乳胶漆、壁纸、织物、装饰夹板、防火板、木材、石材、皮革、金属板材、塑铝板在各立向界面应用广泛,便于加工、易于清洁、视觉冲击力强、经济实惠的材料是首选。餐饮空间的立向界面通常较为丰富精彩,选材、用材有时不限于常规。除上述各种装饰材料以外,各种建筑材料、五金材料、工业材料、农作物材料等均可根据需要适当加工后予以使用,往往会有不同凡响的表现。

　　餐饮空间的地面多采用质硬、耐磨、方便清理的材料,比如花岗石、大理石、陶瓷锦砖、预制水磨石等。在中式风格的中小型餐厅中的地面就常见到深灰色麻面地砖或页岩铺地的做法。根据不同风格餐饮空间的具体要求,也常采用实木地板、复合木地板、水泥地面表面涂漆处理、地毯、水泥纤维板、钢化玻璃、玻璃砖、彩色树脂涂刷等。西餐厅、咖啡厅经常采用防污地毯,既有美观的花色又有良好的吸音降噪功能,利于营造安闲静谧的空间氛围。

　　餐饮空间室内设计的界面处理如图 3-4 所示。

图 3-4　餐饮空间室内设计的界面处理

续图 3-4

8)餐饮空间室内家具设计

餐饮空间的家具应该耐用、舒适。不同风格的餐饮空间采用的家具风格不应相同,较大型的餐饮空间的家具既应保证风格,又应符合空间风格的整体要求。家具的选配要确保安全,便于移动,对于地面不磨损,要利于拼接和弹性组合。

餐饮空间的餐桌的大小依用餐的人数而定。圆形餐桌可使就餐气氛柔和;长方形餐桌虽占据较大空间,但使用起来方便;方形餐桌用起来更加方便、灵活。

对餐饮空间的餐桌排列一般要求较高,而对桌子本身无太高的要求,桌布一铺就可以遮盖住餐桌的表面。关键是椅子的造型要新颖,与环境要协调一致。椅子尽可能和餐桌匹配,在造型、结构、材料、色彩、纹理等方面尽可能与桌子有相同的设计语言。餐桌和椅子的高度在中、西餐桌设计中都有相应的标准:西餐桌一般呈长方形,其高度在 630～680 mm,因为西餐使用刀叉,桌子稍低可以使刀叉操作起来方便;中餐桌的高度比西餐桌略高一些,一般在 680～750 mm;中、西餐桌用椅基本相同,高度在 430 mm 左右。餐饮空间室内家具设计如图 3-5 所示。

图 3-5　餐饮空间室内家具设计

9）餐饮空间室内陈设设计

在餐饮空间中陈设品的布置应该遵循以下原则。

（1）格调统一，与整体环境协调。陈设品的格调应该遵从房间的主题，与室内整体环境统一，也应该与周边的陈设、家具等相协调。

（2）构图均衡，与空间关系合理。陈设品在室内空间中的布置也应该遵循一定的构图法则，要做到既陈置有序，又富有变化。

（3）有主有次，使空间层次丰富。陈设品的布置要主次分明、重点突出，切忌杂乱无章的堆砌。精彩的陈设品应该重点陈列，能够适当地配合灯光、陈列台等效果会更好，使其成为空间中的视觉中心。而相对次要的陈设品布置，则应该有助于突出主体。

（4）注意观赏效果。陈设品更多的时候是让人们欣赏的，特别是装饰性陈设，因此，在布置时应注意把握观赏的视觉效果。比如，墙上的挂画要注意它的悬挂高度与常人眼睛的高度的关系，挂画的大小、位置与人们的观赏角度、距离的关系，以方便人们观赏。

餐饮空间中的实用性陈设品主要是各种餐具、酒水具、灯具等。餐具的选择体现了室内环境的风格、品位和档次,而餐饮空间中气氛的营造还需要一些其他的装饰性陈设来实现,合理布局壁饰、挂画、花卉植物等都是常见的装点餐饮环境的有效方法。整体上,只要能使人感觉干净、整洁、宁静,有助于营造愉快轻松的氛围,提高人们的进餐情绪就可以了。

宴会厅的陈设讲究气势、富丽、华贵、明亮、热烈的氛围,多在顶棚及其他界面和灯饰上大做文章。西餐厅陈设常以西方传统建筑模式结合绘画、雕塑等作为室内主要陈设。

在以体现民族风情为设计定位的餐饮空间中,其陈设品应具有地方特色,自然地展现各民族的风俗,常采用建筑装饰、民族服饰、器物装饰、装饰绘画、书法碑帖、图案、剪纸、皮影、风筝、民间玩具等作为主要的陈设品。餐饮空间室内陈设设计如图 3-6 所示。

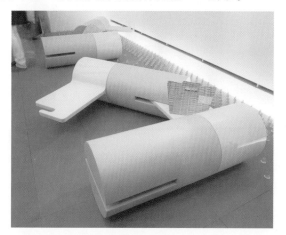

图 3-6　餐饮空间室内陈设设计

续图 3-6

10)餐饮空间室内照明设计

餐厅内的背景照度在 100 lx 左右,桌上照度要在 300～750 lx。餐厅的一般照明应足以使顾客看清菜单。照明系统中的灵活性是希望提供不同照度的照明,并在色彩和性质上与餐厅的装饰体系一致。下射照明和暗灯槽照明是常用的,也常用到小台灯或蜡烛作为补充照明,以增加空间中迷离的情调。

一般情况下,低照度时宜用低色温光源。随着照度变高,就有白色光的倾向。对于照度水平高的照明设备,若用低色温,就会让人感到闷热。对照度低的环境,若用高色温的光源,就容易产生阴沉气氛。但是为了很好地看出饭菜和饮料的颜色,应选用一些色指数较高的光源。在餐厅内为创造舒适的环境氛围,选用白炽灯多于荧光灯,但在陈列部分应该采用显色性比较好的荧光灯,它可以在咖啡馆和快餐厅内作背景照明用。在餐厅内可采用各种灯具。间接光常用在餐厅的四周以强调墙壁的纹理和其他特征。背景光可藏在天花板内或直接装在天花板上。桌子上部、壁龛、座位四周的局部照明有助于创造出亲切的气氛。在餐厅设置照明时,安装调光器是必要的。

多功能宴会厅是作宴会和其他目的使用的大型可变化空间,所以在照明上应采用二方或四方连续的具有装饰性的照明方式,装饰风格要与室内整体风格协调。照度要达到 750 lx,为适应各种功能要求可安装调光器。

风味餐厅是为顾客提供具有地方特色菜肴的餐厅,相应的室内环境也应具有地方特色。在照明设计上可采用以下几种方法:采用具有民族特色的灯具;利用当地材料进行灯具设计;利用当地特殊的照明方法;照明与室内装饰结合起来以突出室内的特色。

特色餐厅、情调餐厅的室内环境不受菜肴特点所限,环境设计应该考虑给人什么样的感觉和气氛,为达到这种目的,照明可采用各种形式。

快餐厅的照明可以多种多样,建筑化的各种照明灯具、装饰照明及广告照明等都可运用。设计师主要考虑环境及顾客的心理相协调,一般快餐厅的照明应采用简练而现代化的形式。

酒吧间照度要适中。酒吧后面的工作区和陈列部分要求有较高照度的局部照明,以吸引人们的注意力并便于操作,照度可在 320 lx 左右。酒吧台下面可设光槽对周围地面进行照明,给人以安定感。室内环境要暗,这样可以利用照明形成趣味以创造不同个性。照明多用在餐桌上或装饰上,较高照度的照明只有清洁工作时才需要。餐饮空间室内照明设计如图 3-7 所示。

图 3-7　餐饮空间室内照明设计

11)进度要求

第1~4学时,完成基本模型学习;第5~8学时,完成材质设置学习;第9~12学时,完成灯光设置学习;第13~14学时,渲染输出学习;第15~16学时,后期处理学习。

2.设计表现任务分析

拿到此设计任务之后,首先要了解这类空间的空间特点、设计原理、设计内容,对于餐厅的经营者而言,追求的目标是顾客盈门,利润丰厚。要做到这一点,除了食品风味独特以外,服务周到和餐厅气氛的营造也很重要。好的餐厅设计不仅能为客人提供愉快的就餐氛围,而且可以为员工创造舒适的工作环境。

1)功能目标

(1)周围环境的调查分析,包括人流、交通、停车等。

(2)竞争餐厅的状况。

(3)根据餐厅经营方针,明确经营范围、服务标准,确定是快餐店、中餐厅、料理店、西餐厅还是咖啡厅等。

(4)客源情况,包括客源的人数、阶层、饮食习惯等。要尽可能采集充分的顾客数据作为设计依据。

2)入口规划

餐厅的入口传递了餐厅的存在、营业内容和规模档次等信息,好的设计能激起客人进入餐厅就餐的欲望。餐厅入口的形式主要包括以下几种类型。

(1)开放型。这种方式在百货商店、购物中心、宾馆内的租赁店面中比较常见。

(2)封闭型。这是在俱乐部、酒吧、高档餐馆中比较常见的一种形式。建筑室外立面完全是实墙,从外面几乎看不到内部空间,只是透过大门能隐约感受到一点点室内的氛围。这种处理手法对门头的设计要求比较高。

(3)折中型。这是最常见、运用最普遍的入口方式。根据营业类别的不同,可运用各种不同的设计方式。例如,为了引导客人进入餐馆,可以将入口处理成开放式,其余部分通过安装玻璃、样品柜等达到封闭的效果。

在实际设计中,具体采用的方式要根据餐馆经营特点来决定。一般像咖啡店等轻便饮食店,要求有较高的开放和透视程度,可采用开放型入口;私密性要求高的餐馆,要求控制外部视线,降低通透程度,可采用封闭型入口。

二、实例——餐饮空间室内空间设计表现

(1)以相对简洁明快的方法,创建室内空间架构与物体。

(2)根据相应的空间特点给指定的三维物体赋以真实合理的材质。

(3)VRay灯光的创建与调整。

(4)摄像机的创建与调整。

(5)渲染输出路径与参数的设置。

(6)加强表现图在Photoshop软件中的后期处理技术,尤其注意针对较大面积的室内空间所进行的光色调校方法。

任务一
餐饮空间室内空间模型创建

(1)打开 AutoCAD 软件,对将要绘制的空间的平面图进行适当的调整,删除大体尺寸以外的物体、植物、说明、标注等,使图面尽量简化,为将来导入到 3ds Max 软件中做好准备。然后另存为该文件,如图 3-8 所示。

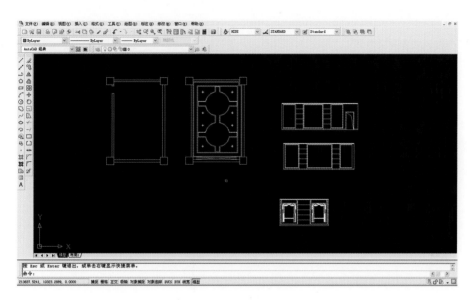

图 3-8　文件打开与保存

(2)在 3ds Max 软件中,单击"File"(文件)菜单,选择"Import"(输入)命令,在弹出的对话框中将文件类型设定为"AutoCAD(＊.dwg)"。然后找到刚刚修改完的餐饮空间平面 CAD 文件,将它导入,相继还会弹出几个对话框,陆续单击默认选项即可,如图 3-9 所示。

(3)把墙体(餐饮空间立面 A)用同样的方法输入,然后点击 按钮,再点击鼠标右键进行输入数值的旋转,在 Front 视图中沿 X 轴和 Z 轴分别旋转 90 °和−90 °,如图 3-10 所示。

(4)单击 按钮,并在该按钮上单击鼠标右键,在弹出的"Grid and Snap Settings"(栅格和捕捉设置)对话框中启用"Vertex"(顶点)和"Endpoint"(端点)选项,如图 3-11 所示。

(5)激活 Perspective 视图如图 3-12 所示,按"Alt＋W"键,将 Perspective 视图最大化显示。单击 按钮,捕捉餐饮空间立面 A 图形的顶点,然后按住鼠标左键移动餐饮空间立面 A,使其与餐饮空间平面的边界相交。

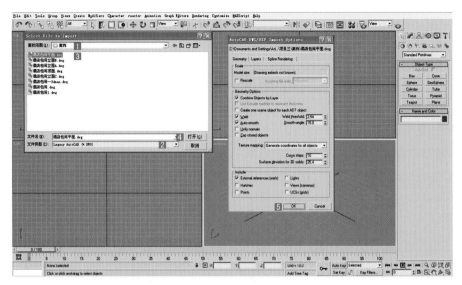

图 3-9　CAD 文件的导入

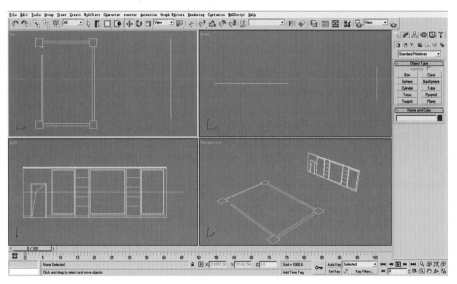

图 3-10　旋转

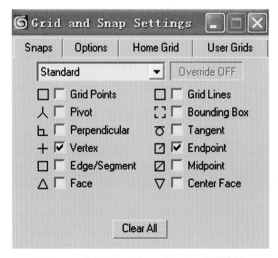

图 3-11　"Grid and Snap Settings"对话框

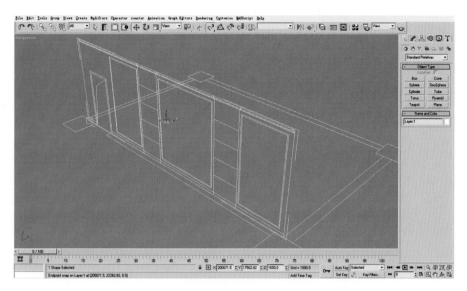

图 3-12　激活 Perspective 视图

（6）使用相同的方法将餐饮空间立面 B 和餐饮空间立面 C 图形分别与餐饮空间平面图形的边界相交，如图 3-13 所示。

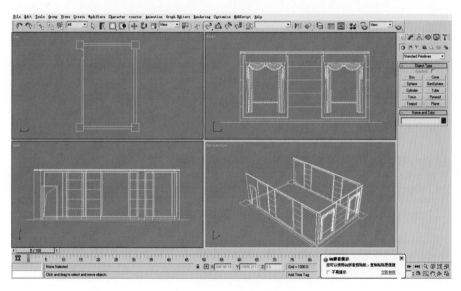

图 3-13　图形的边界相交

（7）选中餐饮空间立面 A、餐饮空间立面 B 和餐饮空间立面 C，在视图中右键点击 **Hide Selection** （隐藏）按钮，选择会议室平面，在视图中右键点击 **Freeze Selection** （冻结）按钮，如图 3-14 所示。

（8）右键点击工具栏中的 按钮，在弹出的对话框中仅勾选"Snaps"（捕捉）选项下的"Vertex"（顶点）、Options 选项下的 **☑ Snap to frozen objects**（捕捉冻结物体）选项，关闭对话框。应用捕捉顶点的方式来重描餐饮空间的平面线，这样做既快速又准确，线条的起点与终点相遇时会有对话框弹出，一定要单击 **是(Y)** 按钮，使线条成为闭合的曲线，如图 3-15 所示。

（9）在修改命令面板中给墙体线指定" **Extrude** "（挤出）命令，设定"Amount"（数量）值为 3 200 mm，如图 3-16 所示。

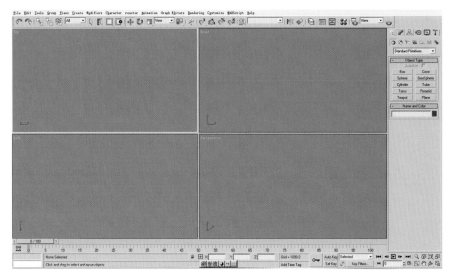

图 3-14　隐藏与冻结

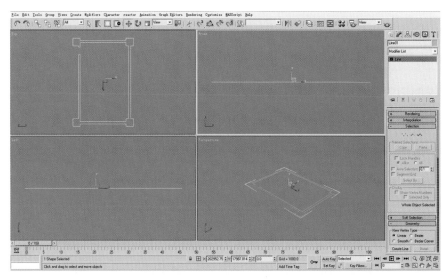

图 3-15　使线条成为闭合的曲线

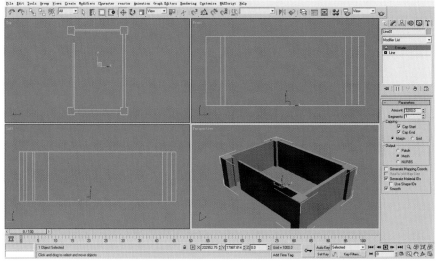

图 3-16　设定"Amount"值

（10）在视图中用鼠标右键点击 **Unhide All** 按钮，显示所有物体，在视图中用鼠标右键点击 **Hide Unselected** 按钮，显示餐饮空间立面 A，选择餐饮空间立面 A，在视图中用鼠标右键点击 **Freeze Selection**（冻结按钮），如图 3-17 所示。

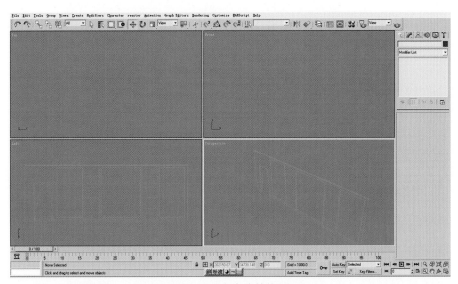

图 3-17　点击冻结按钮

（11）用鼠标右键点击工具栏中的 按钮，在弹出的对话框中仅勾选"Snaps"（捕捉）选项下的"Vertex"（顶点）、Options 选项下的 **Snap to frozen objects**（捕捉冻结物体）选项，关闭对话框。应用捕捉顶点的方式来重描餐饮空间的立面线，按各个造型结构来描绘曲线，既快速又准确，线条的起点与终点相遇时会有对话框弹出，一定要单击 **是(Y)** 按钮，使线条成为闭合的曲线，命名为壁纸，如图 3-18 所示。

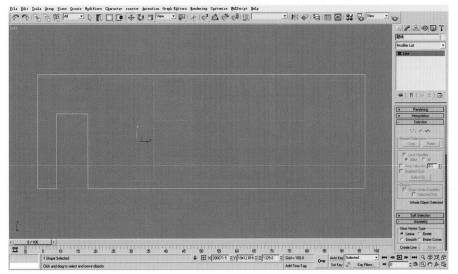

图 3-18　"壁纸"

（12）在修改命令面板中给墙体壁纸线指定" **Extrude** "（挤出）命令，设定"Amount"（数量）值为－1 mm，如图 3-19 所示。

（13）用同样的方法画出餐饮空间立面 A 的装饰柱、装饰线条和装饰壁纸，并在修改命令面板中给墙体壁纸线指定" **Extrude** "（挤出）命令，设定"Amount"（数量）值分别为－100 mm、－20 mm 和－2 mm，如图 3-20 所示。

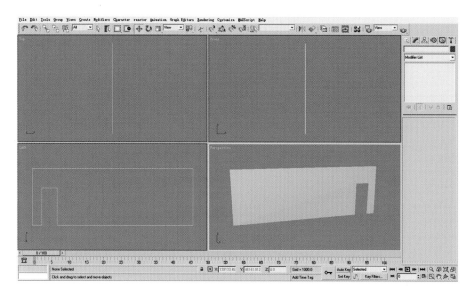

图 3-19　设定"Amount"值为−1 mm

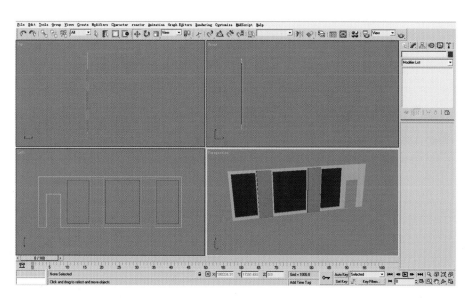

图 3-20　设定"Amount"值为不同的值

　　(14)在视图中用鼠标右键点击 Unhide All 按钮,显示所有物体,选中餐饮空间立面 B,在视图中用鼠标右键点击 Hide Unselected 显示餐饮空间立面 B,选择餐饮空间立面 B,在视图中用鼠标右键点击 Freeze Selection 冻结,用和餐饮空间立面 A 同样的方法把餐饮空间立面 B 绘制出来,如图 3-21 所示。

　　(15)在视图中用鼠标右键点击 Unhide All 按钮,显示所有物体,选中餐饮空间立面 C,在视图中用鼠标右键点击 Hide Unselected 显示餐饮空间立面 C,选择餐饮空间立面 C,在视图中用鼠标右键点击 Freeze Selection 冻结,用和餐饮空间立面 A 同样的方法把餐饮空间立面 C 绘制出来,如图 3-22 所示。

　　(16)在视图中用鼠标右键点击 Unhide All 按钮,显示所有物体,按"Ctrl＋S"键,在弹出的"Save File As"(文件另存为)对话框中将该场景命名为餐饮空间,保存在作品文件夹的项目三中。

　　(17)单击"File"(文件)菜单,选择"Import"(输入)命令,在弹出的对话框中将文件类型设定为"AutoCAD(＊.dwg)",然后找到刚刚修改完的餐饮空间顶面的 CAD 文件,将它导入,如图 3-23 所示。

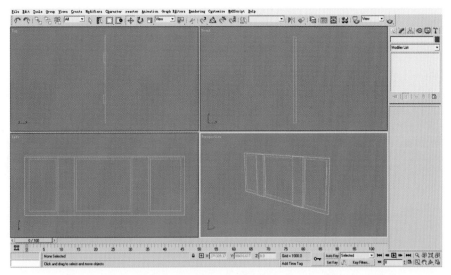

图 3-21　绘制图形 1

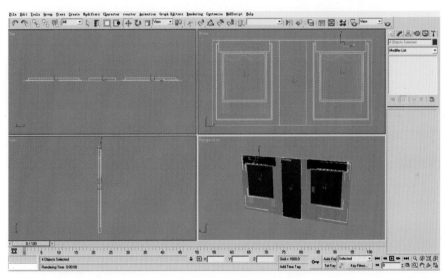

图 3-22　绘制图形 2

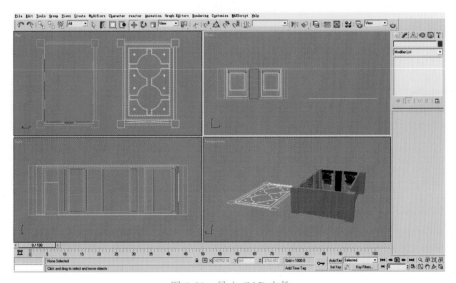

图 3-23　导入 CAD 文件

(18)用鼠标右键点击工具栏中的按钮 ，在弹出的对话框中仅勾选"Snaps"(捕捉)选项下的"Vertex"(顶点)，Options 选项下的 ✓ Snap to frozen objects (捕捉冻结物体)选项，关闭对话框。应用捕捉顶点的方式来重描酒店顶面的平面线，注意顶面的标高和组合关系(顶面有装饰线条、第一层顶、第二层顶)，如图 3-24 所示。

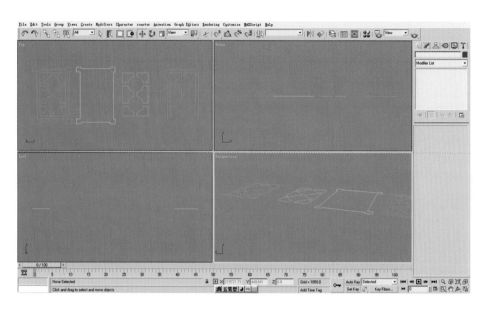

图 3-24   处理图形 1

(19)在修改命令面板中给顶面线指定" Extrude "(挤出)命令，设定"Amount"(数量)值分别为 20 mm、180 mm 和 100 mm，如图 3-25 所示。

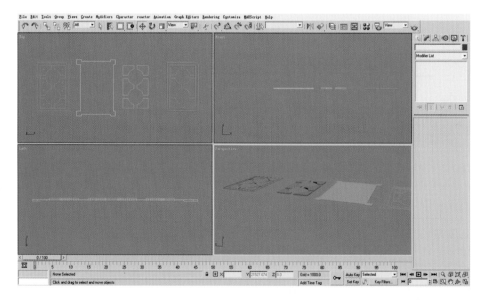

图 3-25   设定不同的"Amount"值

(20)把装饰线条、第一层顶、第二层顶按位置组合，在菜单"Group"组下点击 Group (合组)按钮，把顶组合成一整体，命名为顶，如图 3-26 所示。

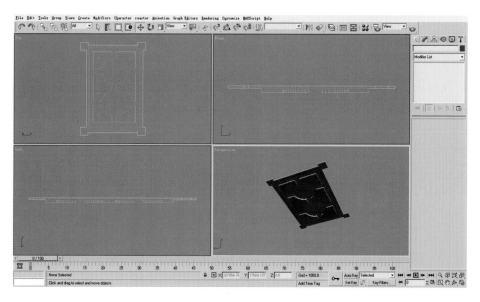

图 3-26　顶

(21)把餐饮空间平面的 CAD 文件单独显示,用二维线性重新绘制一曲线并命名为踢脚线,在 层级下点击 Outline (轮廓)按钮,进行扩边 10 mm,如图 3-27 所示。

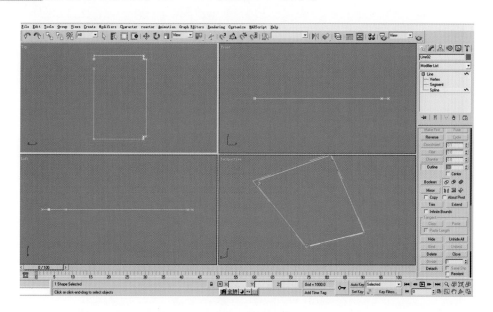

图 3-27　处理图形 2

(22)在修改命令面板中给顶面线指定" Extrude "(挤出)命令,设定"Amount"(数量)值为 100 mm,如图 3-28 所示。

(23)把顶和墙体立面组合成一个完整空间,复制第一层顶并移动到地面,如图 3-29 所示。

(24)单击创建 按钮下的摄像机 按钮,单击目标摄像机 Target 按钮,在 Top 视图中创建一部摄像机,并在 Front 视图中调整高度位置,调整参数如图 3-30 所示。

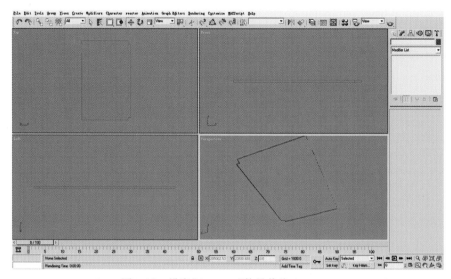

图 3-28　设定"Amount"数量值为 100 mm

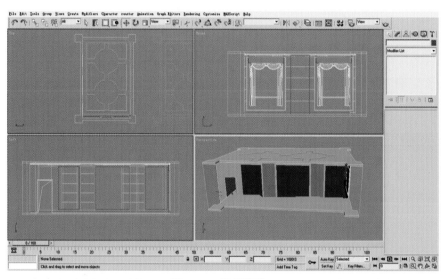

图 3-29　处理图形 3

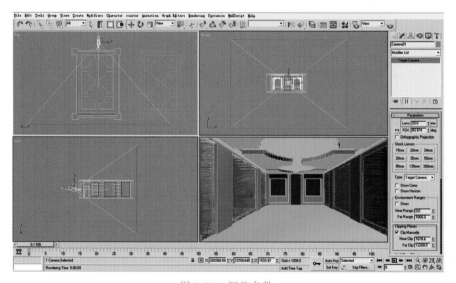

图 3-30　调整参数

（1）为餐饮空间的顶面赋材质。按 M 键,在弹出的"Material Editor"(材质编辑器)面板中选择一个未用示例球,单击"Maps"(贴图)卷展栏中"Diffuse"(漫反射)右侧的(表面色)颜色条,调整顶面材质,命名为顶,然后将此材质赋予顶对象,参数如图 3-31 所示。

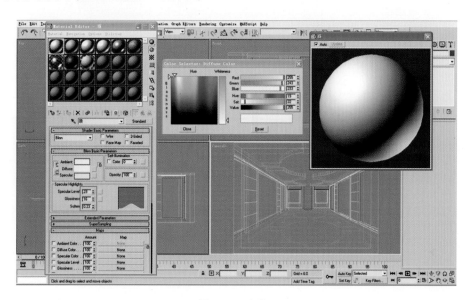

图 3-31　参数 1

（2）选择一个未用示例球,调整墙面材质。将此材质的名称更改为墙面,单击"Maps"(贴图)卷展栏中"Diffuse"(漫反射)右侧的(表面色)颜色条,在弹出的面板中选择颜色,最后赋予墙面对象,参数如图 3-32 所示。

（3）选择一个未用示例球,调整装饰柱材质。将此材质的名称更改为装饰柱,单击"Maps"(贴图)卷展栏中"Diffuse"(漫反射)右侧的(表面色)颜色条,在弹出的面板中选择颜色,最后赋予室内装饰柱对象,参数如图 3-33 所示。

（4）选择一个未用示例球,调整室内线条材质。将此材质的名称更改为线条,单击"Maps"(贴图)卷展栏中"Diffuse"(漫反射)右侧的(表面色)颜色条,在弹出的面板中选择颜色,最后赋予室内所有线条对象,参数如图 3-34 所示。

（5）选择一个未用示例球,调整地面材质。将此材质的名称更改为地面,把材质类型更改成 VRayOverrideMtl (Vray 替代材质),Base material: (基本材质)选用 Max 标准材质,单击"Maps"(贴图)卷展栏中"Diffuse"(漫反射)右侧的 None 按钮,在弹出的"Material—Map Browser"(材质—贴图浏览器)中选择 Bitmap (位图),双击。在"Select Bitmap Image File"(选择位图图像文件)对话框中选择贴图—项目三—地毯.jpg 文件,然后双击。

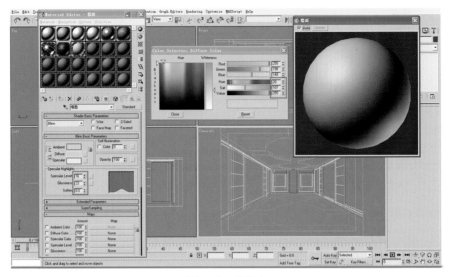

图 3-32　参数 2

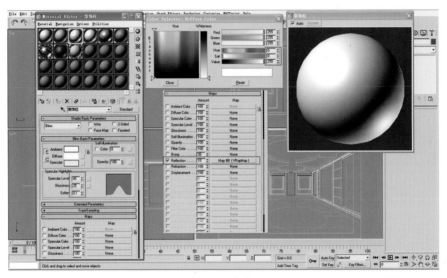

图 3-33　参数 3

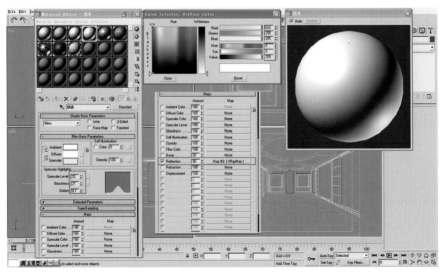

图 3-34　参数 4

GI material：(GI 材质)选用　VRayMtl　(Vray 材质)，点击"Diffuse"(漫反射)右侧的(表面色)颜色条，在弹出的面板中选择颜色，最后赋予地面对象，参数如图 3-35 所示。

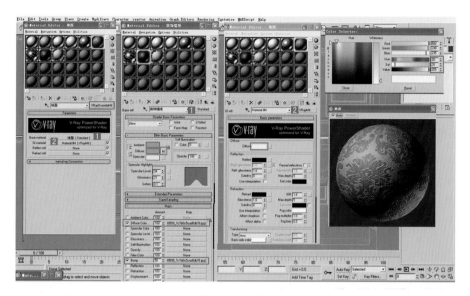

图 3-35　参数 5

(6)选择一个未用示例球，调整室内镜面材质。将此材质的名称更改为镜面，单击"Maps"(贴图)卷展栏中"Diffuse"(漫反射)右侧的(表面色)颜色条，在弹出的面板中选择颜色，单击"Maps"(贴图)卷展栏中"Reflection"(反射)右侧的　None　按钮，在弹出的面板中选择 VRayMap，最后赋予室内镜面反射对象，参数如图 3-36 所示。

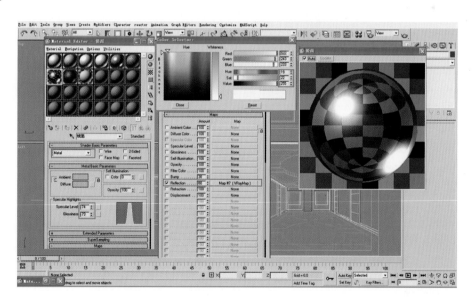

图 3-36　参数 6

(7)选择一个未用示例球，调整墙面壁纸材质。将此材质的名称更改为装饰壁纸，把材质类型更改成VRayOverrideMtl (Vray 替代材质)，Base material：(基本材质)选用 MAX 标准材质，单击"Maps"(贴图)卷展栏中"Diffuse"(漫反射)右侧的　None　按钮，在弹出的"Material—Map Browser"(材质—贴图浏览器)中选择 Bitmap (位图)，双击。在"Select Bitmap Image File"(选择位图图像文件)对话框中选择贴图—项目三—艺术壁纸. jpg 文件,然后双击。

GI material:(GI 材质)选用 VRayOverrideMtl (Vray 材质),单击"Diffuse"(漫反射)右侧的(表面色)颜色条,在弹出的面板中选择颜色,最后赋予地面对象,参数如图 3-37 所示。

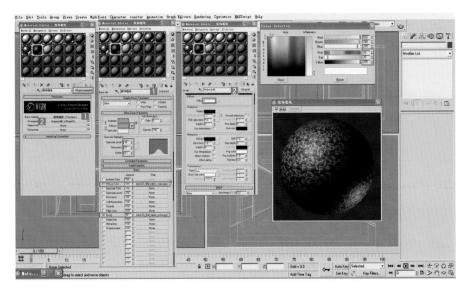

图 3-37　参数 7

任务三
空间模型的完善

(1)在菜单"File"(文件)—"Merge"(置入)餐桌(模块—项目三—餐桌),放置到合适位置,如图 3-38 所示。

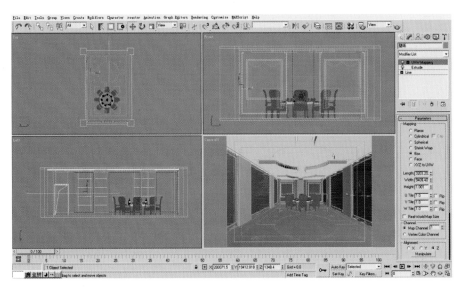

图 3-38　置入图片并放到合适位置

（2）在菜单"File"（文件）—"Merge"（置入）壁灯（模块—项目三—壁灯）、吊灯（模块—项目三—吊灯）、筒灯（模块—项目三—筒灯），复制并调整大小，放置到合适位置，如图 3-39 所示。

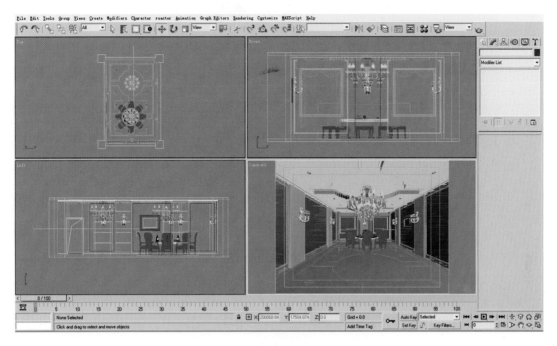

图 3-39　置入不同对象并放到合适位置 1

（3）在菜单"File"（文件）—"Merge"（置入）沙发（模块—项目三—沙发）、电视（模块—项目三—电视），调整大小，放置到合适位置，如图 3-40 所示。

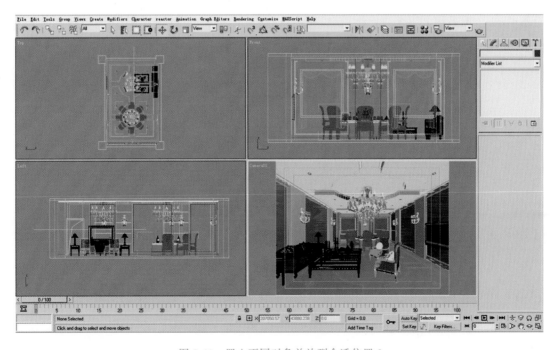

图 3-40　置入不同对象并放到合适位置 2

（4）分别在菜单"File"（文件）—"Merge"（置入）装饰画、窗帘和矮柜，完善整个餐饮空间场景，如图 3-41 所示。

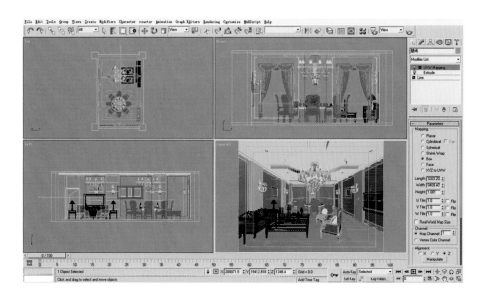

图 3-41　完善整个餐饮空间场景

任务四
餐饮空间室内空间灯光设置

(1)在本例中,主要运用人工光进行照明,灯光由泛光灯和 Vray 片面灯光组成。在 Top 视图中创建 Vray 片面灯光,在 Front 和 Left 视图中这一盏灯光主要用于模拟室内灯光的整体发光效果,其设置的参数和位置如图 3-42 所示。

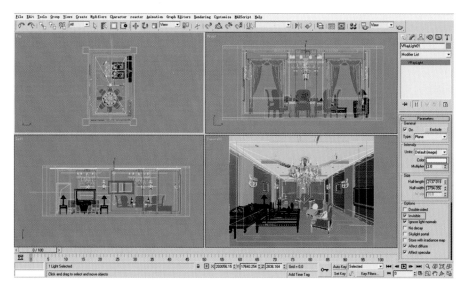

图 3-42　设置参数和位置

(2)为餐厅设置一组光度学灯光来模拟顶部筒灯效果。在 Front(前)视图中创建一盏目标点光源,在 Top

(顶)和 Left(左)视图中调整到合适位置,将 Intensity/Color/Distribution (强度/颜色/分布)卷展栏下的 Distribution (分布)选项后的选项设定为 Web (光域网)。单击 `Web Parameters` (光域网参数)按钮,打开该卷展栏,单击 Web File(光域网文件)右侧的按钮,在弹出的对话框中为灯光指定光域网文件,这里选择的是一个筒灯的光域网文件,它会模拟真实筒灯的照明效果,显然比默认的灯光光效丰富得多,Instance(关联)复制七盏,其设置的参数和位置,如图 3-43 所示。

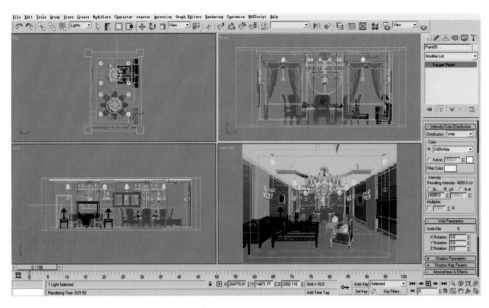

图 3-43　设置的参数和位置一

(3)为餐厅设置一组 Vray 球形灯光来模拟壁灯的光照效果,在 Top(前)视图创建一盏 Vray 球形灯光,在 Front(前)或 Left(左)视图把这一盏灯光调到合适位置,Instance(关联)复制九盏,形成五组壁灯,其设置的参数和位置,如图 3-44 所示。

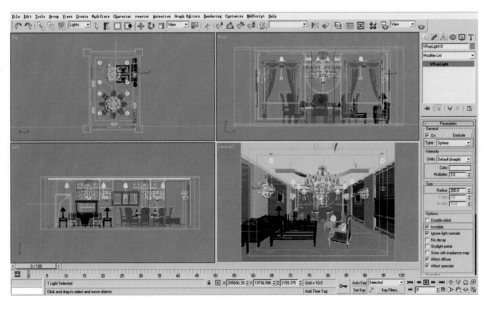

图 3-44　设置的参数和位置二

任务五
餐饮空间室内空间渲染设置和输出

（1）当所有的灯光对象创建完成以后，按 F10 键，在弹出的"Render Scenei"（渲染场景）对话框中选择"Commom"（常规）选项卡。在 **Assign Renderer** 卷展栏中，选择"Production"（选择渲染器）选项，选择 **V-Ray Adv 1.5 RC2** Vray 渲染器。

（2）草图渲染。草图渲染便于观察材质及灯光关系是否合理、准确。分别对在 Commom（常规）面板、Global switches（全局设置）面板、Image sampler（Antianliansing）（图像采样器（抗锯齿））面板、Indirect illumination(GI)（间接照明(GI)）面板、Irradiance map（光子贴图）面板、Color mapping（色彩映射）面板进行调整。其设置的参数如图 3-45 所示。

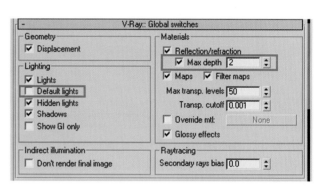

图 3-45　设置参数

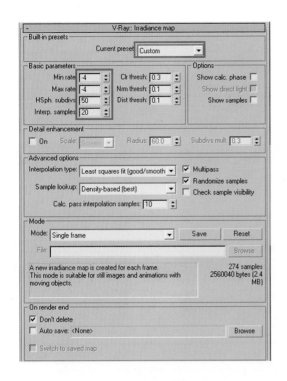

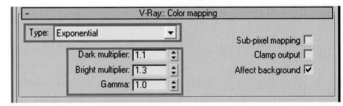

续图 3-45

（3）调整完灯光和材质后，渲染光子图。光子图是为了最后的渲染大图作准备的，渲染最终大图可以用光子图的尺寸放大不超出 5 倍来输出。光子图设置参数如图 3-46 所示。

（4）观察草图渲染，调整完灯光和材质后，确定不再修改场景中灯光和材质参数了，就可以渲染光子图，光子图是为了最后的渲染大图作准备的，渲染最终大图可以用光子图的尺寸放大不超出 5 倍来输出。分别对 Commom（常规）面板、Irradiance map（光子贴图）面板进行参数数值的细分，其余面板参数保持草图模式参数。

（5）渲染最终大图，设置输出尺寸用光子图尺寸的 5 倍，图片采样类型和抗锯齿类型的参数如图 3-47 所示。

（6）选择菜单栏中的"File"（文件）—"Save"（保存）命令，将该场景保存在作品文件夹的项目三中。最后设置渲染尺寸，以便得到更高品质的效果图。同时进行输出保存设置，命名为餐饮空间效果图，文件格式为.tga，如图 3-48 所示。

（7）选择菜单栏中的"File"（文件）—"Save As"（另存为）命令，将该场景保存在作品文件夹的项目二中，命名为餐饮空间通道图。

（8）在菜单 MAXScript（MAXS 脚本）下点击 Run Script...（运行脚本）弹出面板（项目二—本强强）脚本，步骤如图 3-49 所示。

（9）打开材质编辑器，所有使用材质球都变成色块显示，如图 3-50 所示选择。

（10）把场景中所有灯光关闭使用，在 - General Parameters 面板下"On"去除勾选，关闭使用，如图 3-51 所示。

（11）渲染通道图，命名为会议室通道图，文件格式为.tga。

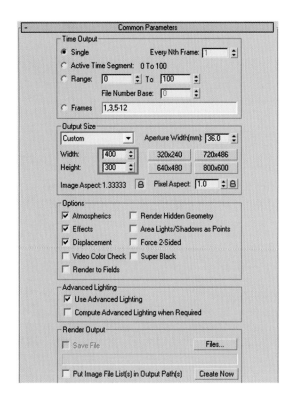

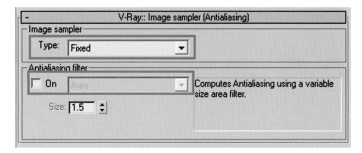

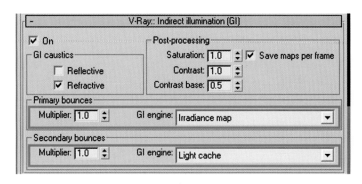

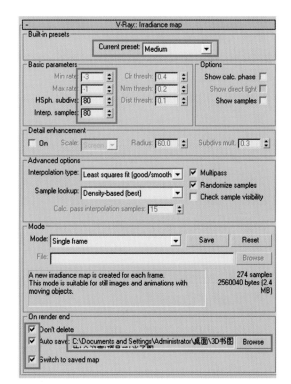

图 3-46　光子图设置参数

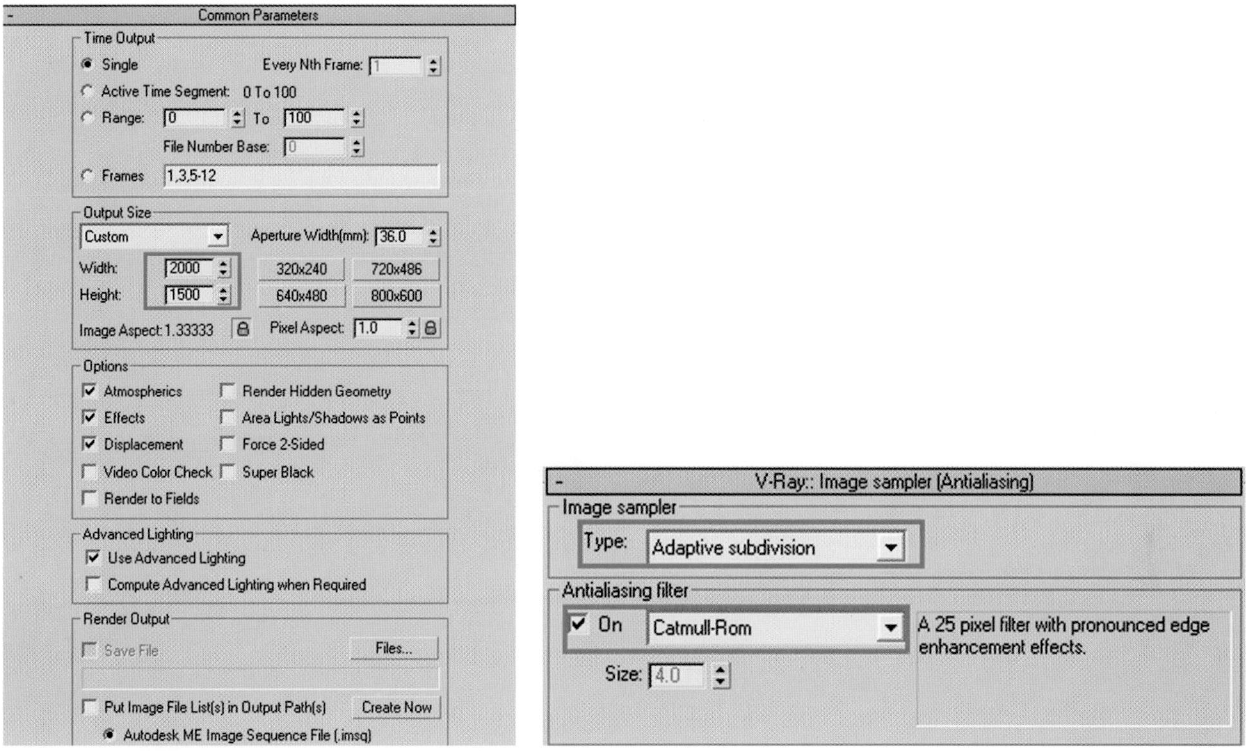

Common Parameters

Time Output
- Single   Every Nth Frame: 1
- Active Time Segment: 0 To 100
- Range: 0 To 100
  File Number Base: 0
- Frames 1,3,5-12

Output Size
Custom   Aperture Width(mm): 36.0
Width: 2000   320x240   720x486
Height: 1500   640x480   800x600
Image Aspect: 1.33333   Pixel Aspect: 1.0

Options
- Atmospherics   Render Hidden Geometry
- Effects   Area Lights/Shadows as Points
- Displacement   Force 2-Sided
- Video Color Check   Super Black
- Render to Fields

Advanced Lighting
- Use Advanced Lighting
- Compute Advanced Lighting when Required

Render Output
- Save File   Files...
- Put Image File List(s) in Output Path(s)   Create Now
  - Autodesk ME Image Sequence File (.imsq)

V-Ray:: Image sampler (Antialiasing)

Image sampler
Type: Adaptive subdivision

Antialiasing filter
- On   Catmull-Rom   A 25 pixel filter with pronounced edge enhancement effects.
  Size: 4.0

图 3-47   参数

图 3-48   餐饮空间效果图

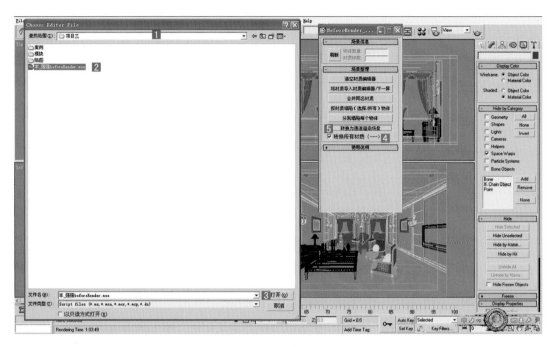

图 3-49　步骤

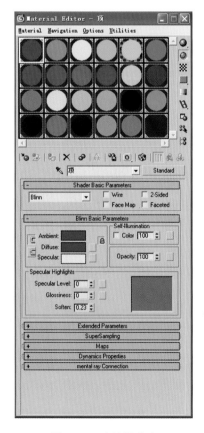

图 3-50　选择材质球

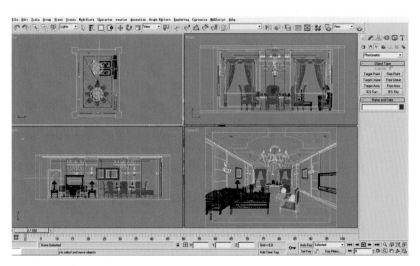

图 3-51　所有灯光关闭使用

任务六
餐饮空间室内空间后期调整

（1）切换到 Photoshop 软件，在空白处双击，打开刚刚渲染输出的餐饮空间渲染图和餐饮空间通道图。按住 Shift 键把餐饮空间通道图拖曳到餐饮空间渲染图上，关闭餐饮空间通道图，如图 3-52 所示。

图 3-52　关闭餐饮空间通道图

（2）右键点击图层的名称选择"复制图层"选项，复制背景图层。关闭"背景"图层、餐饮空间通道图层，激活"背景副本"图层。

（3）单击 ┛ （裁切工具）按钮，在打开的效果图画面中创建一个如图 3-53 所示的裁切框，这样可以保证画面构图的完美性。

（4）在建立的裁切框中双击鼠标左键，确定裁切的范围。

（5）选择餐饮空间通道图层，单击魔棒工具 ，在画面中点击顶的色块，如图 3-54 所示。

（6）切换到餐饮空间渲染图图层，对画面的亮度进行调整，选择菜单栏中的"图像—调整—曲线"命令（或按"Ctrl＋M"键），在弹出的曲线对话框中进行设置，如图 3-55 所示。

（7）在菜单栏中选择"图像—调整—色彩平衡"命令（或按"Ctrl＋B"键），调整色彩，如图 3-56 所示。

（8）用同样的方法把地面、艺术壁纸、沙发、线条、装饰柱等进行曲线调整，如图 3-57 所示。

（9）对画面的黑白关系进行校正，选择菜单栏中的"图像—调整—色阶"命令（或按"Ctrl＋L"键），在弹出的如图 3-58 所示的色阶对话框中进行设置。

图 3-53　创建裁切框

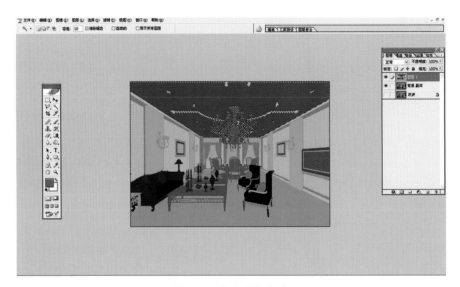

图 3-54　点击顶的色块

图 3-55　曲线对话框

图 3-56　调整色彩

图 3-57　曲线调整

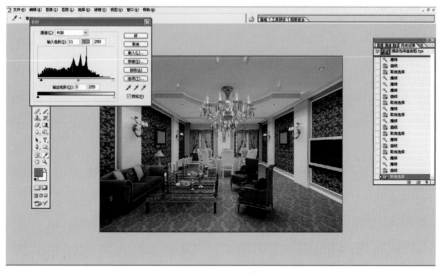

图 3-58　色阶对话框

(10)按"Ctrl＋O"键,在弹出的打开对话框中选择室内植物.psd文件并将其打开,如图3-59所示。

图3-59　打开文件

(11)单击  (移动工具)按钮,将打开的画面上的植物移动复制到餐饮效果图中,按"Ctrl＋T"键(变换),调整大小,放到合适位置,如图3-60所示。

图3-60　处理图片

(12)对植物画面的亮度色彩进行校正,更改图像的总体颜色混合程度。选择菜单栏中的"图像—调整—曲线"命令(或按"Ctrl＋M"键)、"图像—调整—色彩平衡"命令(或按"Ctrl＋B"键)进行调整,效果如图3-61所示。

(13)对画面的对比度进行校正,更改图像的总体黑白对比关系。选择菜单栏中的"图像—调整—亮度/对比度"命令,在弹出的如图3-62所示的亮度/对比度对话框中进行设置。

(14)合并可见图层,复制"背景副本"图层,调整新图层的对比度,如图3-63所示。

(15)单击图层中的 按钮,在弹出的下拉列表中选择"柔光"选项,设定"不透明度"值为30％,如图3-64所示。

图 3-61　效果图　　　　　　　　　　　　　图 3-62　亮度/对比度对话框

图 3-63　调整新图层的对比度　　　　　　　　图 3-64　设定"不透明度"值

（16）将新图层再次复制，再次调节其对比度，如图 3-65 所示。

（17）降低该层的"不透明度值"，单击菜单"图像"中的"调整"中的"去色"命令，如图 3-66 所示。

（18）单击菜单"滤镜"中的"模糊中的—高斯模糊"命令，在弹出的对话框中设定参数，如图 3-67 所示。

（19）激活"背景副本 2"图层，进行模糊处理。

（20）锁定 3 个图层，按"Ctrl＋E"键合并连接图层，将 3 个图层合并。

（21）现在，画面的整体色调已得到很好的改善，但是画面的清晰度还是不够。选择菜单栏中的"滤镜—锐化"命令，将该画面进行锐化设置。

图 3-65　再次调节对比度　　　　　　　　　　图 3-66　降低"不透明度"值

（22）一张具有简欧风格的空间表现图跃然眼前，迷离的光色，活泼但不轻佻，恰到好处地丰富了室内氛围，使空间小而不薄，活而不飘，稳而不泥。

图 3-67　设定参数

(23)按"Shift＋Ctrl＋S"键,在弹出的存储为对话框中将该图像文件命名为餐饮空间.jpg,保存在作品文件夹的项目一中。

> **小结**

本项目主要介绍了餐饮空间的制作方法,主要运用了二维线性的挤出建模,通过学习该效果图的制作,可以了解人造光模拟室内光照,以及利用 Vray 渲染器中颜色贴图面板下的亮度倍增和暗部倍增来控制整个空间的亮度,使室内场景灯光的设置更加方便,得到所需要的空间效果。

参考文献
References

[1](美)茱蒂·葛拉夫·可兰.办公空间经典集[M].胡弘才,译.沈阳:辽宁科学技术出版社,2002.

[2] 邓楠,罗力.办公空间设计与工程[M].重庆:重庆大学出版社,2002.

[3] (美)玛丽莲·泽林斯基.新型办公空间设计[M].黄慧文,译.北京:中国建筑工业出版社,2005.

[4] 李文华.室内设计与3ds Max效果图表现教程[M].北京:清华大学出版社,2007.

[5] 吴剑锋,林海.室内与环境设计实训[M].上海:东方出版中心,2008.